Torsten Staller

Prokaryotische Diversität der Ionischen See, Griechenland

Torsten Staller

Prokaryotische Diversität der Ionischen See, Griechenland

Freilebende und Partikel-assoziierte marine Bakteriengemeinschaften

Südwestdeutscher Verlag für Hochschulschriften

Impressum / Imprint
Bibliografische Information der Deutschen Nationalbibliothek: Die Deutsche Nationalbibliothek verzeichnet diese Publikation in der Deutschen Nationalbibliografie; detaillierte bibliografische Daten sind im Internet über http://dnb.d-nb.de abrufbar.

Alle in diesem Buch genannten Marken und Produktnamen unterliegen warenzeichen-, marken- oder patentrechtlichem Schutz bzw. sind Warenzeichen oder eingetragene Warenzeichen der jeweiligen Inhaber. Die Wiedergabe von Marken, Produktnamen, Gebrauchsnamen, Handelsnamen, Warenbezeichnungen u.s.w. in diesem Werk berechtigt auch ohne besondere Kennzeichnung nicht zu der Annahme, dass solche Namen im Sinne der Warenzeichen- und Markenschutzgesetzgebung als frei zu betrachten wären und daher von jedermann benutzt werden dürften.

Bibliographic information published by the Deutsche Nationalbibliothek: The Deutsche Nationalbibliothek lists this publication in the Deutsche Nationalbibliografie; detailed bibliographic data are available in the Internet at http://dnb.d-nb.de.

Any brand names and product names mentioned in this book are subject to trademark, brand or patent protection and are trademarks or registered trademarks of their respective holders. The use of brand names, product names, common names, trade names, product descriptions etc. even without a particular marking in this works is in no way to be construed to mean that such names may be regarded as unrestricted in respect of trademark and brand protection legislation and could thus be used by anyone.

Coverbild / Cover image: www.ingimage.com

Verlag / Publisher:
Südwestdeutscher Verlag für Hochschulschriften
ist ein Imprint der / is a trademark of
AV Akademikerverlag GmbH & Co. KG
Heinrich-Böcking-Str. 6-8, 66121 Saarbrücken, Deutschland / Germany
Email: info@svh-verlag.de

Herstellung: siehe letzte Seite /
Printed at: see last page
ISBN: 978-3-8381-3405-5

Zugl. / Approved by: Kiel, CAU, Diss., 2009

Copyright © 2012 AV Akademikerverlag GmbH & Co. KG
Alle Rechte vorbehalten. / All rights reserved. Saarbrücken 2012

Inhaltsverzeichnis

Inhaltsverzeichnis 1
Abkürzungsverzeichnis 3
1 Zusammenfassung 5
2 Summary 6
3 Einleitung 7
   3.1 Hydrographie des Untersuchungsgebiets (Ionische See) 9
   3.2 Freilebende Bakterien 12
   3.3 Marine Snow: Entstehung, Vorkommen und Verteilung 17
   3.4 Biofilm: Initiation und Aufrechterhaltung 19
   3.5 Archaea: relatives Vorkommen und metabolisches Potenzial 20
   3.6 Bakterielle Biolumineszenz: Ökologie, Organisation und Regulierung 22
   3.7 Vorkommen von Hydrogenasen in marinen Habitaten 25
   3.8 Fragestellung 26
4 Material und Methoden 27
   4.1 Chemikalien und Nährmedium 27
   4.2 Probennahme und -aufbereitung 28
   4.3 Analytische Methoden 29
      4.3.1 Bestimmung der Leitfähigkeit, Temperatur und Dichte (CTD) 29
      4.3.2 Nährstoffanalytik 29
      4.3.3 Chlorophyllbestimmung 29
      4.3.4 Bestimmung des partikulären organischen Kohlenstoffs und Stickstoffs 30
      4.3.5 Messung des gelösten organischen Kohlenstoffs und Stickstoffs 31
      4.3.6 Raster-Elektronenmikroskopie 31
      4.3.7 Bestimmung der Zellzahl mittels Fluorescence activated cell sorting 32
   4.4 Molekularbiologische Methoden 33
      4.4.1 Isolierung genomischer DNA 33
      4.4.2 Messung der DNA-Konzentration 33
      4.4.3 Polymerase-Kettenreaktionen 34
      4.4.4 Primer 35
      4.4.5 Agarosegelelektrophorese 36
      4.4.6 Gelextraktion 37
      4.4.7 Ligation 37
      4.4.8 Adenylierung 38
      4.4.9 Transformation 38
      4.4.10 Plasmidpräparation 38
      4.4.11 Restriktion von DNA 39
      4.4.12 Sequenzierung 39
      4.4.13 Terminale Restriktions Längen Polymorphismen 40
      4.4.14 Catalyzed Reporter Deposition Fluorescence In Situ Hybridisation 41
   4.5 Methoden der Statistik und Bioinformatik 43
5 Ergebnisse 46
   5.1 Temperatur, Salinität und Sauerstoffkonzentration 47
   5.2 Nährstoffdaten 50
      5.2.1 Nitrat 50
      5.2.2 Ammonium 51
      5.2.3 Gelöster anorganischer Stickstoff 52

Inhaltsverzeichnis

    5.2.4 Phosphat 52
  5.3 Chlorophyll a 53
  5.4 C/N-Analysen 53
    5.4.1 Partikulärer organischer Stickstoff 54
    5.4.2 Partikulärer organischer Kohlenstoff 54
    5.4.3 Gelöster Organischer Stickstoff 55
    5.4.4 Zusammenfassung der Nährstoffergebnisse 56
  5.5 Raster-Elektronenmikroskopische Aufnahmen der Filtermembrane 57
  5.6 Fluorescence activated cell sorting 59
  5.7 Catalyzed Reporter Deposition Fluorescence in situ Hybridisation 63
  5.8 Terminale Restriktions Längen Polymorphismen 66
  5.9 Vorkommen biolumineszenter Bakterien – Detektion von *luxA* 73
  5.10 Vorkommen der NAD(P)-gekoppelten [NiFe] Hydrogenase 77
  5.11 Vorkommen Ammonium-oxidierender Prokaryoten 78
  5.12 Prokaryotische Diversität im Calypso Deep, Ionische See 80
    5.12.1 Phylogenetische Zuordnung unidentifizierter Bakterien 80
    5.12.2 Diversität freilebender und Partikel-assoziierter Bakterien 82
    5.12.3 Vorkommen und Diversität der Archaea im Calypso Deep 88
    5.12.4 Berechnung der Diversität mittels „Rarefraction"-Analyse 89
    5.12.5 Tiefenverteilung der gefundenen Arten 92
    5.12.6 Potenzielle neue Arten 96
6 Diskussion 98
  6.1 Temperatur und Salinität 98
  6.2 Variabilität der Nährstoffe und des organischen Materials 99
  6.3 Variabilität der Bakteriendichte 100
  6.4 Prokaryotische Diversität 102
    6.4.1 Diversität und Verteilung der Bakterien in der Wassersäule 103
    6.4.2 Vorkommen und Diversität der Archaea 109
    6.4.3 Das Biolumineszenzpotenzial 111
    6.4.4 Spezielle Metabolismen: H_2-Oxidation der [NiFe] Hydrogenase .. 112
    6.4.5 Spezielle Metabolismen: Ammonium- und Nitritoxidation im DCM ... 113
7 Ausblick 116
8 Literatur 118

Abkürzungsverzeichnis

Acyl-ACP	Acyl-Acyl Carrier Protein
AG	Antigen
AIS	Atlantic Ionian Stream (Atlantisch Ionischer Strom)
AMC	Asia Minor Current (Klein-Asien Strömung)
AmoA	Ammonium Monooxygenase (-Untereinheit)
ASW	Adriatic Surface Water (Adriatisches Oberflächenwasser)
BLAST	Basic Local Alignment Search Tool
bp	Basenpaare
BSW	Black Sea Water (Wasser aus dem Schwarzen Meer)
cAMP	zyklisches Adenosinmonophosphat
CAP	zyklisches Adenosinmonophosphat Rezeptorprotein
CARD-FISH	Catalyzed Reporter Deposition Fluorescence in situ Hybridisation
CAU	Christian-Albrechts-Universität zu Kiel
CC	Cretan Cyclone (Kretischer Zyklon)
CDW	Cretan Deep Water (Kretisches Tiefenwasser)
CTD	Conductivity, Temperature and Depth (Leitfähigkeit, Temperatur und Dichte)
DAPI	4′,6-Diamidino-2-phenylindol
DCM	Deep Chlorophyll Maximum
DIN	dissolved inorganic nitrogen (gelöster anorganischer Stickstoff)
DNA	Desoxyribonukleinsäure
DNADIST	DNA Distance
DNAML	DNA Maximum Likelihood
DNase	Desoxyribonuklease
dNTPs	2′-Desoxyribonukleosid-5′-Triphosphat
DOM	dissolved organic matter (gelöstes organisches Material)
DOTUR	Defining Operational Taxonomic Units and Estimating Species Richness
DSMZ	Deutsche Sammlung von Mikroorganismen und Zellkulturen, Braunschweig
EMDW	Eastern Mediterranean Deep Water
EPS	extrazelluläre polymere Substanzen
FACS	fluorescence activated cell sorting (Fluoreszenz-aktivierte Zellsortierung)
FMN	Flavinmononukleotid
$FMNH_2$	reduziertes Flavinmononukleotid
FSC	forward scatter
FTZ	Forschungs- und Technologiezentrum Westküste
*g	relative Erdbeschleunigung
GF/F-Filter	Glasfaser-Mikrofilter
GOS	Global Ocean Sampling
HCMR	Hellenic Centre of Marine Research
HF	Hauptfilter, 0,22 µm Porenweite
HRP	Horseradish Peroxidase (Meerrettich Peroxidase)
HSL	3-oxo-Hexanoylhomoserin Lacton
IA	Ionian Anticyclone (Ionischer Antizyklon)
IKMB	Institut für Klinische Molekularbiologie, Kiel
ISW	Ionian Surface Water (Ionisches Oberflächenwasser)
IUB	International Union of Biochemistry
IUPAC	International Union of Pure and Applied Chemistry
K2P	Kimura 2 Parameter
kb	Kilobasenpaare

Abkürzungsverzeichnis

KM3NeT	Kubikkilometer Neutrino-Teleskop
LB	Luria Bertani
LIW	Levantine Intermediate Water (Levantinisches Intermediäres Wasser)
LPA	Linear Polyacrylamid
LSW	Levantine Surface Water (Levantinisches Oberflächenwasser)
MAW	Modified Atlantic Water (Modifiziertes Atlantikwasser)
MDS	multidimensionale Skalierung
MIJ	Mid Ionian Jet (Mittlerer Ionischer Jet)
MMJ	Mid Mediterranean Jet (Mittlerer Mediterraner Jet)
Na_2EDTA	Natrium-Ethylendiamintetraessigsäure
NCBI	National Center for Biotechnology Information
NIOZ	Royal Netherlands Institute for Sea Research, Texel
OTU	operational taxonomic units (operationelle taxonomische Einheiten)
PA	Pelops Anticyclone (Pelops Antizyklon)
PBS	Phosphate Buffered Saline (Phosphatgepufferte Salzlösung)
PCR	Polymerase Chain Reaction (Polymerase-Kettenreaktion)
PE	Polyethylen
PFTE	Polytetrafluorethylen
pH	potential Hydrogenii (Säuregrad)
PHYLIP	Phylogeny Inference Package
POC	Particulate Organic Carbon (Partikulärer Organischer Kohlenstoff)
PON	Particulate Organic Nitrogen (Partikulärer Organischer Stickstoff)
RCOOH	Fettsäure
rDNA	ribosomale Desoxyribonukleinsäure
REM	Rasterelektronenmikroskop
RNA	Ribonukleinsäure
RNase	Ribonuklease
rpm	rounds per minute (Umdrehungen pro Minute)
rRNA	ribosomale Ribonukleinsäure
SAM	S-Adenosylmethionin
sp.	single species (Art)
spp.	species plural (mehrere Arten)
SSC	sideward scatter (seitwärts Streuung)
subsp.	subspecies (Unterart)
Sv	Sverdrup
TEP	Transparent Exopolymer Particles (Transparente Exopolymere Partikel)
Tm	Temperature of melting (Schmelztemperatur)
TOC	Total Organic Carbon (Organischer Gesamtkohlenstoff)
TON	Total Organic Nitrogen (Organischer Gesamtstickstoff)
T-RFLP	Terminal Restriction Length Polymorphism (Terminale-Restriktions-Fragment-Längen-Polymorphismus)
Tris	2-Amino-2-(hydroxymethyl)-1,3-propandiol
tRNA	transfer Ribonukleinsäure
VF	Vorfilter, 5 µm Porenweite

1 Zusammenfassung

Das Seegebiet über dem Calypso Deep (5189 m) in der Ionischen See wurde auf die Eignung als Standort eines Kubikkilometer großen Neutrino-Teleskops (KM3NeT) untersucht. Hierbei wurden die Hydrologie des Seegebiets und die prokaryotische Diversität bestimmt. Ein Fokus lag auf dem Nachweis von biolumineszenten und biokorrosiven Bakterien. Darüber hinaus konnten die Variationen der prokaryotischen Diversität in der Tiefe, unabhängig von der Temperatur, ermittelt werden.

Die Hydrologie des Untersuchungsgebiets ist relativ konstant. Die Temperatur und die Salinität zeigen nur im Epipelagial eine klare Saisonalität im gewählten Probennahmenintervall. Die Konzentrationen der Nährstoffe, des partikulären organischen Kohlenstoffs und Stickstoffs sowie die Bakteriendichte zeigen, dass das Untersuchungsgebiet extrem oligotroph und in neritisch und ozeanisch unterscheidbar ist. Im Bathypelagial weisen die genannten Parameter konstant sehr geringe Werte auf. Das Vorkommen biolumineszenter Bakterien nur an Station N1 im Frühjahr 2008 als auch die im Verbundprojekt Innofond Schleswig-Holstein erstellte Arbeit zum trophie-abhängigen Vorkommen der [NiFe] Hydrogenasen unterstützen diese Klassifizierung des Gewässers (Barz et al., 2009).

Die prokaryotische Diversität lässt eine tiefenzonierte Einteilung erkennen. Die Vorkommen tiefenspezifischer „operational taxonomic units" (OTU) sind für die freilebende bakterielle Gemeinschaft in jeder Tiefe hoch (ca. 60 – 70 %). Ubiquitär detektierbare OTU stellen einen ca. 20 % Anteil. In dem untersuchten Seegebiet bleibt die Artenvielfalt der freilebenden Gemeinschaft genauso wie die Temperatur über die Tiefe konstant. Die Diversität der freilebenden Bakterien wird, basierend auf den in dieser Arbeit erhobenen Daten, durch den Faktor Temperatur stärker beeinflusst als durch hohen hydrostatischen Druck. Hinzu kommt die teilweise Substratabhängigkeit der freilebenden Gemeinschaft von der, das organische Material remineralisierende, Partikel-assoziierten Gemeinschaft. Die Diversität der Partikel-assoziierten Bakteriengemeinschaft nimmt über die Tiefe ab und wird wahrscheinlich von der Qualität des sedimentierenden organischen Materials bestimmt.

Von den Archaea sind die Crenarchaea im gesamten Freiwasser dominant. Im Bereich des "deep chlorophyll maximum" (DCM), evtl. im gesamten Mesopelagial, kommen Ammoniumoxidierende Crenarchaea vor, die einen wesentlichen Teil der lichtunabhängigen Primärproduktion leisten und die oberen Schichten mit Nitrit bzw. Nitrat versorgen. Im DCM sind einige Euryarchaea der Gruppe II Partikel-assoziierte. Euryarchaea der Gruppe III sind in dieser Studie zum ersten Mal als partikel-assoziiert identifiziert worden. Man findet sie nur in Tiefen des DCM, somit scheinen sie eng an die Primärproduktion gekoppelt zu sein. Das Wasser des Untersuchungsgebiets besitzt aufgrund der oben genannten Charakteristika eine hohe optische Güte. Einige biokorrosive Bakterien wurden erkannt und sollten bei der Materialauswahl berücksichtigt werden. Aus hydrologischer und biologischer Sicht kann der Standort für den Betrieb eines Neutrino-Teleskops als geeignet eingestuft werden.

2 Summary

The Calypso Deep (5189 m), known as the deepest site in the Mediterranean Sea was verified for the acceptability of maintaining a cubic kilometer sized deep-sea neutrino telescope (KM3NeT). Our investigations focused on the analysis of the prokaryotic diversity in respect to prokaryotic bioluminescence and biocorrosion.

Moreover, due to the rather high and constant temperature (>13 °C) of water even in the bathypelagial the study area is suitable for investigating the variation of the prokaryotic diversity over depth.

The hydrology is quite constant at the study site. The sea surface temperature and the surface salinity (< 100 m) exhibit seasonal variations, solely. According to the nutrient and particulate organic carbon/nitrogen concentrations as well as to the very low prokaryotic bulk abundance found in the study area, it can be classified as extremely oligotrophic and may be divided into a neritic and an oceanic region. This categorisation is supported by the absence of [NiFe] hydrogenases in the complete study area and by the seasonal incidence of bioluminescene genes only in coastal waters. The presence of [NiFe] hydrogenases is restricted to eutrophic habitats.

The prokaryotic diversity is stratified throughout the water column and shows distinct phylogenetic depth specificity. Approximately 20 % of the detected operational taxonomic units (OUT) are ubiquitous. A compositional change of the diversity but no decrease in over all diversity with depth was observed. These findings might result from the constant temperature observed between surface and bottom rather than on hydrostatic pressure alterations. Thus, the prokaryotic diversity could be mainly controlled by temperature.

The diversity of the particle-associated community decreases with depth. Likely, its quality and consecutively the quality of the free-living community are determined by the character of the particulate organic matter.

The crenarchaea constitute the majority of the free-living archaeal community at all depth. In contrast, the group II and III euryarchaea are dominant in the particle-associated fraction, only. Group III euryarchaea are restricted to the "deep chlorophyll maximum" (DCM) and particles which point to a possible interconnection with the primary production. At depth of the DCM a second kind of primary production was observed. Ammonium-oxidizing crenarchaea (*N. maritimus*) were detectable at 100 m depth providing nitrite for nitrifying bacteria, supporting an efficient nutrient remineralisation which is essential for the trophy status of extreme oligotrophic habitats.

Summing up these results and adding the seasonal invariability of the analyzed parameters in the bathypelagial, the aquatic system at the study site exhibits excellent optical quality. Although biocorrosive species were found, the study site is favourable for installing a neutrino telescope.

3 Einleitung

Gegenstand dieser Arbeit ist die Untersuchung eines Seegebiets im Ionischen Meer vor Griechenland, das für die Installation eines Kubikkilometer großen Meerwasser Neutrino-Teleskops (KM3NeT) in Frage kommt. In der Ionischen See liegt die tiefste Stelle im Mittelmeer, das Calypso Deep. Es weist eine Wassertiefe von 5189 Metern auf. Die große Wassertiefe ist Voraussetzung für den Standort des Teleskops. Bei der Installation stellt sich die Frage nach den entstehenden Wechselwirkungen zwischen der Umwelt und dem Neutrino-Teleskop. Neutrinos sind ungeladene nahezu masselose, hochenergetische Elementarteilchen, die indirekt über die Čerenkov-Strahlung detektiert werden können. Bei der Kollision eines Neutrinos mit Materie entstehen u. a. Muons. Das Muon ist ein geladenes Teilchen, das sich durch das Medium Wasser mit einer höheren Geschwindigkeit fortbewegt als Licht. Durch den Effekt wird Čerenkov-Strahlung emittiert. Das Spektrum der Čerenkov-Strahlung (350 nm - 500 nm) überschneidet sich mit den Photonen des radioaktiven Zerfalls von gelöstem ^{40}K (Kalium 40) sowie mit der Biolumineszenz (465 nm - 510 nm).

In dieser Arbeit sollte die Eignung des Gebiets im Hinblick auf biologische Parameter untersucht werden. Der Schwerpunkt richtete sich dabei auf die Bestimmung der prokaryotischen Diversität, also der Zusammensetzung der Lebensgemeinschaften von Archaea und Bakterien in den verschiedenen Schichten der pelagischen Umwelt (Abb. 3.1).

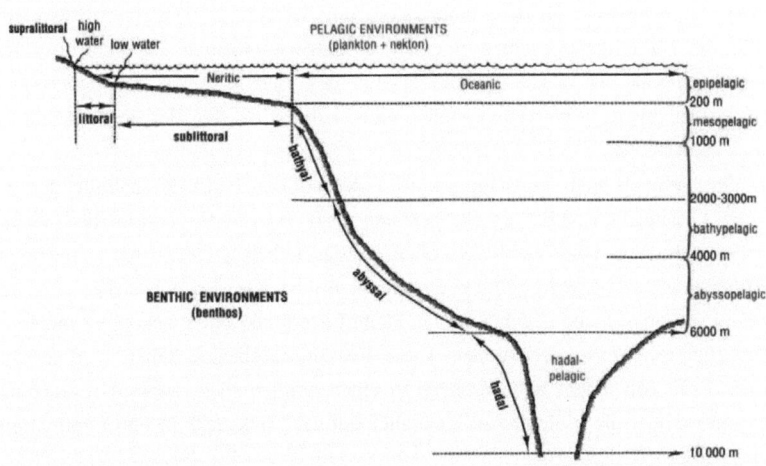

Abb. 3.1: Grundlegende ökologische Unterteilung des Ozeans. Die neritische pelagische Zone wird am Kontinentalrand (bei ca. 200 m Tiefe) von der ozeanisch pelagischen Zone getrennt (Lalli und Parsons, 1997).

Einleitung

Vermutlich existieren mehr als 10^9 Bakterienarten (Dykhuizen, 1998). Obwohl Extrapolationen der Diversität kritisch zu betrachten sind (O'Hara, 2005; Youssef und Elshahed, 2008), liegt die Vielfalt wesentlich höher als die Zahl der bisher entdeckten Arten. In Anbetracht der Tatsache, dass lediglich 1 % der bekannten Arten kultiviert ist, müssen Informationen über die genetische Diversität, die Populationsstruktur und die ökologische Rolle der Mikroorganismen direkt aus der Umwelt abgeleitet werden. Mit einem besseren Verständnis der prokaryotischen Diversität, aber auch der enzymatischen Ausstattung einzelner Arten, können die Interaktionen solcher Populationen und ihre Bedeutung in globalen Dimensionen besser erkannt werden. Dieses Wissen dient ebenfalls der Vorhersage, wie eine der ältesten Lebensgemeinschaften der Erde auf Umweltveränderungen reagieren kann. Das ist insofern wichtig, da eine Fülle von autotrophen Prokaryoten (wie z. B. Cyanobakterien und phototrophe Purpurbakterien) in den oberen, mit Licht durchfluteten Schichten der Ozeane einen Großteil der Primärproduktion leisten (Thingstad, 2000). Hinzu kommen heterotrophe Prokaryoten im Epipelagial, die die Hälfte der gesamten Primärproduktion in den mikrobiellen Stofffluss leiten (Nagata, 2000; Giovannoni und Stingl, 2005). Wie hoch der mikrobielle Umsatz in tieferen Zonen bis hin zur Tiefsee ist, kann nur vermutet werden. Es scheint aber, dass Bakterien gerade in der Tiefsee darauf spezialisiert sind, einen Großteil des refraktären (schwer zugänglichen) Kohlenstoffs aufzubrechen und in den Kreislauf zurückzuführen (DeLong et al., 1993, Rath et al., 1998; Ploug et al., 1999). Wenn man bedenkt, dass ca. 10^{29} prokaryotische Zellen im Ozean präsent sind (Whitman et al., 1998), die wesentlich für die Remineralisierung der Nährstoffe verantwortlich sind und damit für die Nahrungskette einen essentiellen Status einnehmen, ist die Erforschung der Populationsdynamik bis in die dunklen Tiefen des Hadalpelagials sehr wichtig. Solche Studien wurden bisher nicht durchgeführt, nicht zuletzt, da das Hadalpelagial nur äußerst schwer zu beproben ist.

Bisher gibt es noch kein vollständiges Bild der an der Aufrechterhaltung des Systems beteiligten Organismen. Aber es ist bekannt, dass integrierte mikrobielle Interaktionen biogeochemische Kreisläufe etablieren, ohne die das Leben auf der Erde so nicht möglich wäre (Lozupone und Knight, 2008). Biogeochemische Kreisläufe bestehen aus abiotisch angetriebenen überwiegend geochemischen Säure/Base-Reaktionen, gekoppelt mit biologisch aufrecht erhaltenen Redox-Reaktionen. Diese Reaktionskreisläufe haben z. B. den Redox-Status der Erde von einem reduzierenden in einen oxidierenden geändert (cyanobakterielle Photosynthese) oder die biologische Zugänglichkeit des Stickstoffs in Form von Ammonium etabliert (Stickstofffixierung).

Da die Fraktion der unkultivierten Mikroorganismen die Mehrheit der biologischen Diversität dieses Planeten verantwortet, ist der erste Schritt, diesen Artenreichtum zu beschreiben. Mikroorganismen repräsentieren zwei von drei Domänen des Lebens, die Domäne der Bakteria und die der Archaea. Sie spiegeln eine Diversität wieder, die das Produkt von knapp 3,8 Milliarden Jahren Evolution ist. In Relation zum Epipelagial ist die Tiefsee, das

Einleitung

Bathypelagial, wesentlich geringer erforscht, auch wenn in den letzten Jahren die Arbeiten zu diesem Lebensraum stark zugenommen haben. Man erkannte, dass die bisher für homogen angenommene Umwelt der Tiefsee, (Bartlett, 1992; Fuhrman et al., 1992) eine wichtige Komponente mit hoher Dynamik des globalen Stoffflusses ist (Aluwihare et al., 2005; Danovaro, et al., 2000). Sie beheimatet Arten, die an die Bedingungen dieses Lebensraums exzellent angepasst sind (Kato et al., 1995a/b; Xu et al., 2005) und dazu vermutlich viele noch unbekannte Stoffwechselwege nutzen (Francis et al., 2007; Konneke et al., 2005).

In den folgenden Unterkapiteln erfolgt die hydrographische Charakterisierung des Arbeitsgebiets. Des Weiteren werden generelle Aspekte der freilebenden, der Partikel-assoziierten und der Biofilm besiedelnden prokaryotischen Artengemeinschaften aufgezeigt. Dabei werden das Vorkommen und die Rolle der Archaea in einem gesonderten Kapitel beschrieben. Außerdem wird auf einen prokaryotischen Stoffwechselweg zur Gewinnung von Energie auf Basis von Wasserstoff eingegangen, der womöglich einen entscheidenden Stoffwechselweg in oligotrophen Gewässern darstellt. Ausführungen zum Biolumineszenzpotenzial von Bakterien erfolgen insbesondere vor dem Hintergrund der Installation des Neutrino-Teleskops.

3.1 Hydrographie des Untersuchungsgebiets (Ionische See)

Das Mittelmeer ist nur durch die schmale und flache Straße von Gibraltar mit dem Atlantik verbunden. Zwei annähernd gleich große Bassins (West- und Ostmittelmeer) sind durch die Straße von Sizilien getrennt. Das östliche Mittelmeer ist durch diese Meerenge ein fast isoliertes Becken mit eigener Wasserformation. Wie in der Abbildung 3.2 dargestellt, strömt das modifizierte Atlantikwasser (MAW) über die Straße von Sizilien, durch die Advektion des atlantisch ionischen Stroms (AIS), in die Ionische See. In der Ionischen See befindet sich der AIS im Sommer ca. 100 Meter unter und im Winter direkt an der Oberfläche. Der Wasserverlust durch Evaporation übersteigt das ganze Jahr die Wasserzufuhr durch Niederschlag, sodass die Salinität und die Dichte mit fortschreitender Bewegung ostwärts zunehmen. Das Mittelmeer ist somit ein Konzentrationsbasin (Hopkins, 1978).

Im Sommer erfolgt die Aufheizung des ostwärts strömenden Oberflächenwassers und die Evaporation ist in dieser Zeit sehr hoch. Das führt dazu, dass sich im Levantin Becken, dem östlichsten Teil des Mittelmeeres, das warme und sehr saline Levatine Intermediate Water (LIW) bildet. Durch seine hohe Temperatur sinkt es trotz seiner Salinität nicht bis zum Boden. Das LIW zirkuliert und verteilt sich bis mehrere Hundert Meter (600 m) Tiefe und zeigt eine Schichtstärke von ca. 200 m. Ein kleiner Teil verbleibt im östlichen Becken, der weitaus größere Teil gelangt über die Straße von Sizilien ins westliche Mittelmeer und weiter in den Atlantik. Das ausfließende LIW ist, bedingt durch den großen Massentransport, der Motor für die thermohaline Zirkulation des Mittelmeers.

Einleitung

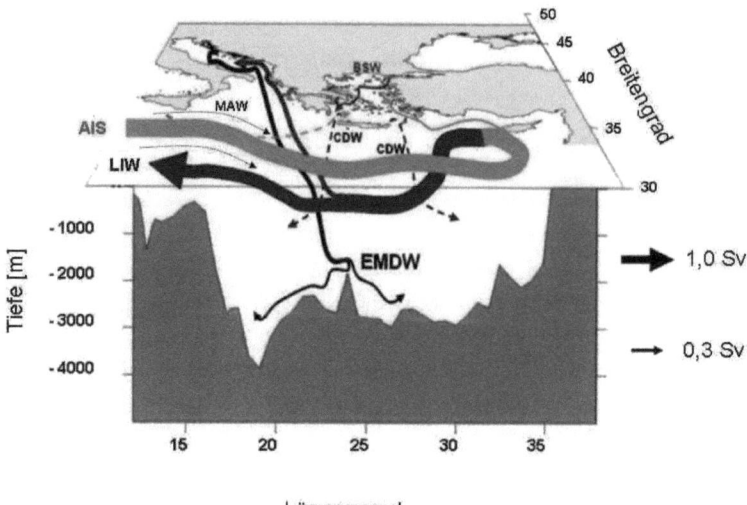

Abb. 3.2: Thermohaline Zirkulation des östlichen Mittelmeers (verändert nach Zervakis et al., 2005). Die Breite der Pfeile deutet den Massentransport der jeweiligen Strömung an (Sv = Svendrup = 10^6 m^3 *s^{-1} ~ 31,500 km^3 *a^{-1}). AIS = Atlantik Ionian Stream, BSW = Black Sea Water, CDW = Cretan Deep Water, EMDW = Eastern Mediterranean Deep Water, LIW = Levantine Intermediate Water, MAW = Modified Atlantic Water.

Während der vom Atlantik kommende AIS jährlich eine Menge von ungefähr 20000 km^3 bis 40000 km^3 in das östliche Mittelmeer transportiert, beträgt der korrespondierende Ausfluss mittels des Levantine Intermediate Water in den Atlantik 18000 km^3 bis 38000 km^3 pro Jahr.
Aus dem Schwarzen Meer fließt mehr Wasser (ca. 1250 km^3) über die Dardanellen in die nördliche Ägäis als salzigeres Wasser in tieferen Schichten zurückfließt (950 km^3). So kommt es auch hier, wie über die Straße von Sizilien, zu einem Import von leichtem Wasser an der Oberfläche und zu einem Export von schwererem Intermediärwasser.
In den beiden nördlichsten Gebieten des östlichen Mittelmeers, in der Adria und in der Ägäis, wird Tiefenwasser gebildet. Durch Evaporation und Kühlung kommt es zu einem Wärmeverlust (= -5 Wm^2) und zu einem Frischwasserdefizit von 0,7 Metern pro Jahr (Evaporation minus Niederschlag). In der Sommer-Periode zwischen Mai und Oktober ziehen trockene eurasische Winde, die sogenannten Etesiens, über die Ägäis bis nach Afrika und entziehen den Wassermassen Feuchtigkeit. Im Winter kühlt sich die Region, bedingt durch sibirische Einflüsse, stark ab. In der Ägäis entstandenes, sehr salines Wasser kommt über den Kretischen Bogen (Cretan Arc) in die Ionische See und sinkt auf Tiefen bis 3500 m (Theocharis et al., 2002; Kontoyiannis et al., 2005). Dieses Wasser nennt sich Cretan Deep Water (CDW). In der Straße von Otranto bildet sich, durch die winterliche Durchmischung

Einleitung

des Intermediärwassers mit kaltem und schwerem Tiefenwasser aus der Adria in Tiefen über 2000 m, das Eastern Mediterranean Deep Water (EMDW). Dieses sinkt bis zum Meeresgrund (5261 m) ab und füllt das Becken auf. Des Weiteren existieren zwei charakteristische Gyres in der östlichen Ionischen See (Abb. 3.3).

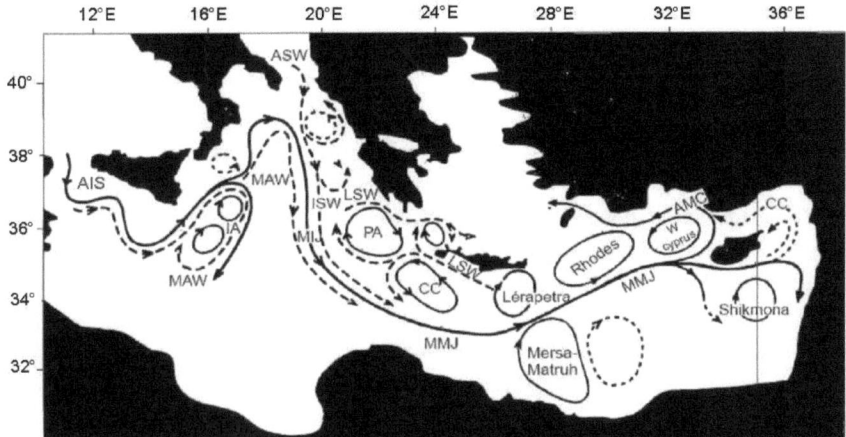

Abb. 3.3: Oberflächenströmungen im östlichen Mittelmeer (Malanotte-Rizzoli et al., 1997). AIS = Atlantic Ionian Stream, IA = Ionian Anticyclones, PA = Pelops Anticyclone, MIJ = Mid Ionian Jet, MMJ = Mid Mediterranean Jet, CC = Cretan Cyclone, MAW = Modif. Atlantic Water, ASW = Adriatic Surface Water, AMC = Asia Minor Current, ISW = Ionian Surface Water, LSW = Levantine Surface Water.

Der erste Gyre ist der tief barotropische „Pelops" (> 2000 m), ein antizyklonischer Gyre (PA) südwestlich der Peloponnes (Golnaraghi und Robinson, 1994; Ayoub et al., 1998; Theocharis und Kontoyiannis, 1999). Der Pelops ist dem Untersuchungsgebiet unmittelbar vorgelagert. Er zeigt saisonale Variabilität in der Ausprägung, mit einer Verstärkung im Herbst und Winter (Larnicol et al., 2002) sowie einer Verlagerung westwärts im Frühling und Sommer (Matteoda und Glenn, 1996). Aufgrund der entstehenden Konvergenz dieses antizyklonischen Gyre weist das Gebiet eine sehr geringe Produktivität auf (Michaels et al., 1994). Der zweite Gyre ist der große Kretische Zyklon (CC) im Südwesten von Kreta. Er wird im Spätsommer von den Etesiens verstärkt (Theocharis und Georgopoulos, 1993; Matteoda und Glenn, 1996). Auch er zeigt starke räumliche Variationen (Theocharis und Kontoyiannis, 1999). Das warme und saline Levatine Surface Water (LSW) zirkuliert um beide Gyres.

3.2 Freilebende Bakterien

Die Photosynthese ist die Hauptquelle metabolischer Energie und die Basis des Nahrungsnetzes in den Ozeanen. Nahezu 50 % der globalen Kohlenstofffixierung wird vom pelagisch lebenden Phytoplankton übernommen. Hiervon wird in den oberen Metern der Wassersäule knapp die Hälfte des gebundenen Kohlenstoffs (organisches Material) von heterotrophen Mikroorganismen veratmet (Giovannoni und Stingl, 2005). Manche Bakterien betreiben ebenfalls Photosynthese, andere oxidieren gelöstes organisches Material (DOM). Die meisten Bakterien in der Wassersäule sind freilebend, nur einige sind an Aggregate assoziiert (Cho und Azam, 1988).

Bakterien kommen an der Wasseroberfläche (0 - 300 m) typischerweise in Konzentrationen in der Größenordnung 10^6 Zellen pro Milliliter vor. Einzelne Seegebiete unterscheiden sich in der Bakterienkonzentration. So werden im deutschen Wattenmeer ca. $2 * 10^6$ Zellen pro Milliliter gezählt (Beardsley et al., 2003), in der Sargassosee sind es $4,2 * 10^6$ Zellen pro Milliliter (Fuhrman et al., 1993) und in der nördlichen Ägäis konnten Donovaro et al. (2000) $0,5 * 10^5$ Zellen pro Milliliter messen.

Die durchschnittliche Wachstumsrate, gemessen an der Thymidin-Aufnahme in bakterielle DNA, liegt bei 0,13 bis 0,29 Teilungen pro Tag (Herndl et al., 2005). Effiziente Nährstoffaufnahme und Verwertung sind entscheidend in einer Umwelt, in der fast jegliche Ressource limitiert ist. Dies wird umso bedeutender, je tiefer Organismen in der Wassersäule leben. Bis ins Hadalpelagial kommen Bakterien vor, doch ihre Konzentration nimmt rapide mit der Tiefe ab, sodass in manchen Tiefseegebieten nur $10^3 - 10^4$ Zellen pro Milliliter gezählt werden (Karner et al., 2001; Cowen et al., 2003; Herndl et al., 2005). Erstaunlicherweise liegen die Wachstumsraten für Bakterien in der Tiefsee bei ebenfalls 0,15 Teilungen pro Tag und für Archaea sogar höher, und zwar bei durchschnittlich 0,32 (von 0,23 bis 0,47) Teilungen pro Tag (Herndl et al., 2005). Dieser Umstand deutet auf Lebensformen hin, die nicht unmittelbar von der Primärproduktion abhängig sind. Die meisten Archaea (Crenarchaea) sind chemolithoautotroph und damit primär nicht auf die sporadische Nährstoffzufuhr aus der photischen Zone angewiesen (Karner et al., 2001; Witte et al., 2003; Aluwihare et al., 2005; Konneke et al., 2005). Somit muss angenommen werden, dass komplexe physikalische, chemische und biologische Muster existieren, die die Evolution und die Diversifikation vorantreiben. Mitglieder der Gattung *Vibrio* zum Beispiel, welche zu den bekanntesten planktonischen Vertretern gehören, nicht zuletzt wegen ihrer einfachen Kultivierung auf Seewasser-Agar, wachsen ebenfalls anaerob. Ihr Lebenszyklus umfasst anoxische Stadien in Wirtstieren. Trotz ihrer einfachen Kultivierbarkeit ist kein vollständiges Bild ihrer ökologischen Bedeutung in den Ozeanen bekannt. Für eine Menge bakterieller Gruppen verhält es sich ähnlich. Viele der phylogenetischen Details sind bekannt, aber die Vielfältigkeit ihrer ökologischen Bedeutung ist bis dato ungeklärt. Hinzu kommt, dass in den letzten Jahren hauptsächlich Untersuchungen zu Arten und Stoffkreisläufen in den oberen hundert Metern erfolgten. Es gibt relativ wenige Studien über die Tiefsee. Viele marine Bakteriengruppen

Einleitung

wurden durch ribosomale DNA-Sequenzierung, wie sie Ende der 80er Jahre des letzten Jahrhunderts möglich wurden, identifiziert (Stahl et al., 1984 und 1987; Olsen et al., 1986). Die bisher entdeckten bakteriellen Sequenzen lassen sich in weniger als 20 Phyla einordnen (Mullins et al., 1995; Giovannoni und Stingl, 2005). Abbildung 3.4 zeigt die phylogenetischen „Hauptstämme" der bisher bekannten pelagischen Bakterien.

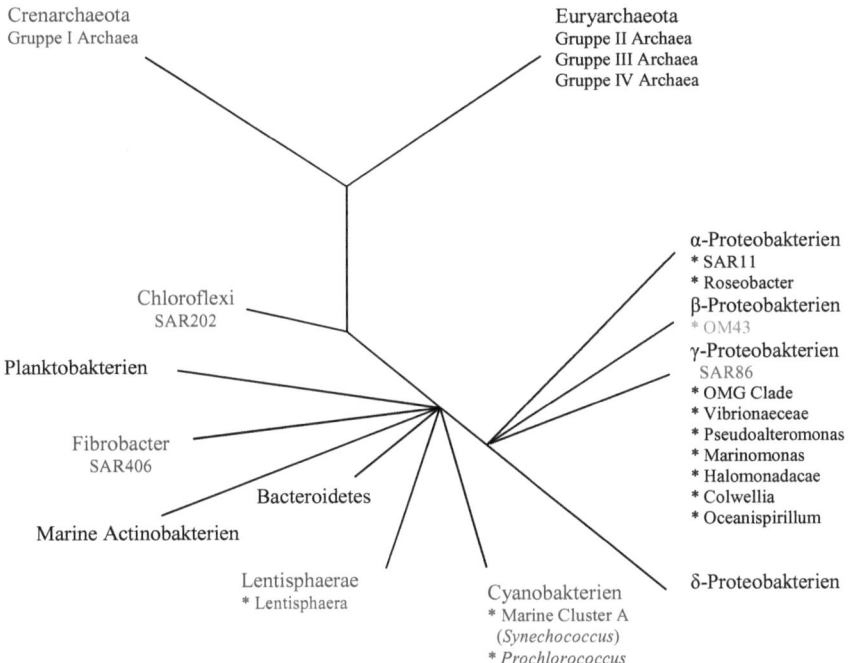

Abb. 3.4: Schematische Übersicht der phylogenetischen Hauptstämme in den Ozeanen. Schwarz markierte Gruppen gelten als ubiquitär vorkommend. In rot ist eine Gruppe dargestellt, die nur in der euphotischen Zone gefunden wurde. Der grün abgebildete Vertreter ist nur in Küstengewässern anzutreffen und in blau sind Gruppen markiert, die im Oberflächenwasser und im Mesopelagial hauptsächlich zum polaren Winter anzutreffen sind. *Für diese Gruppen existieren Kultursammlungen. Die Abbildung ist nach Giovannoni und Stingl (2005) verändert.

Das Bakterioplankton kann für gewöhnlich in drei Gruppen aufgeteilt werden: die kultivierbaren heterotrophen Vertreter, die wahrscheinlich dominanten unkultivierten heterotrophen Bakterien und in Zonen oder Gebieten mit ausreichend Licht die oxygenen photoautotrophen Bakterien. Unter besonderen Umständen findet man in bestimmten Gebieten der Ozeane spezialisierte Gruppen, zu denen z. B. die nitrifizierenden oder Partikel-assoziierten Bakterien gehören, welche aber unter Berücksichtigung der Gesamtzellzahlen

Einleitung

und Biomasse normalerweise nur einen kleinen Teil der Gemeinschaft ausmachen (Montoya et al., 2004). Erste große Studien zur Diversität einzelner Seegebiete ergaben eine sehr ähnliche Artzusammensetzung (Venter et al., 2004; Zabbalos et al., 2006; Martin-Cuadrado et al., 2007). Arten, die den -Proteobakterien zugeordnet werden, kommen in allen Gebieten der offenen Ozeane proportional am häufigsten vor.

Die bisherigen Ergebnisse zeigen, dass die meisten gefundenen 16S rDNA-Gene zu den nicht kultivierbaren Arten gehören und dass knapp 80 % davon neun phylogenetischen Gruppen angehören. Für die Zuordnung der erhaltenen 16S rDNA-Sequenzen dient die 97 %-Ähnlichkeitsgrenze: Sequenzen, die weniger als 97 % Sequenzähnlichkeit aufweisen, werden demnach unterschiedlichen Arten zugezählt. Dass diese Definition nicht definitiv ist, zeigt sich in der kontroversen Diskussion über die sequenzspezifische Artbestimmung (Field et al., 1997; Cohan, 2002; Acinas et al., 2004; Thompson et al., 2004). Die Frage, wo eine Artgrenze gezogen wird, ist nicht trivial. Aus evolutionärer Perspektive ist es nicht einfach zu entscheiden, ab wann eine Zellpopulation von einer anderen abgegrenzt werden soll, wenn beide die gleichen Ressourcen nutzen und gleiche Adaptationen aufweisen. Die 97 %-Regel ist zwar einfach anzuwenden, trägt aber der Komplexität der Artverwandtschaft nicht ausreichend Rechnung. Einzellige marine Cyanobakterien bilden zum Beispiel eine flachverzweigte Gruppe, die nach der 97 %-Regel alle einer Art zugeordnet werden müssten. Dennoch handelt es sich um verschiedene Arten mit diversen Phänotypen (Giovannoni und Stingl, 2005). Hier zeigt sich am deutlichsten, wie Mutationen zur Diversifizierung einer Art beitragen und es einzelnen Vertretern erlaubt, dadurch neue Nischen zu nutzen. *Synechoccocus* kann in sechs Untergruppen eingeteilt werden. Drei davon können mit wichtigen Anpassungen betreffend Beweglichkeit, chromatischen Adaption und Fehlen von Phycourobillin assoziiert werden (Moore et al., 1998; Rocap et al., 2002). Ökotypen unterscheiden sich in wesentlichen Merkmalen, sodass kompetitive Vorteile in einer ökologischen Nische erzielt werden. Erwähnenswert ist der *Synechoccocus* Stamm SS120. Er besitzt ein relativ kleines Genom und kann nur Ammonium und Aminosäuren als Stickstoffquelle nutzen (Rocap et al., 2003). Der Stamm WH8102 hingegen kann neben Ammonium auch Harnstoff, Nitrit, Nitrat, Cyanat, Peptide und Aminosäuren als Stickstoffquelle nutzen.

Auch die -Proteobakterien des SAR11- und die -Proteobakterien des SAR86-Clusters können in deutlich abgrenzbare Untergruppen differenziert werden (Cohan, 2002). Zum jetzigen Zeitpunkt werden Untergruppen als Ökotypen einer Art angesehen (Field et al., 1997; Moore et al., 1998; Rocap et al., 2002; Morris et al., 2002).

Auf der anderen Seite gibt es Studien, die zeigen, dass ökologische Unterscheidungen der Arten sich auch in der 16S rDNA nah verwandter Arten zeigen können (Acinas et al., 2004). Unser Wissen über die mikrobielle Diversität wird ständig größer. Dennoch sind wir bisher nicht an dem Punkt, an dem wir die komplexen Zusammenspiele der bakteriellen Gemeinschaften verstehen, insbesondere unter Berücksichtigung von zeitlichen und

Einleitung

räumlichen Aspekten. Das klassische Diktum „Everything is everywhere but the environment selects", welches auf Lourens Baas-Becking (1934) zurückgeht, fand sich in vielen Studien der letzten Jahren bestätigt (Foissner, 2006; Martiny et al., 2006; Pedrós-Alió, 2006; Ramette und Tiedje, 2007; Fierer, 2008). Dies ist darauf zurückzuführen, dass von jeder noch so selten vorkommenden Art Vertreter in fast allen Ökosystemen existieren. Besonders deutlich wird dieser Umstand, wenn mit Hochdurchsatz-Verfahren gearbeitet wird, wie z. B. dem tag-sequencing. Das Attribut „Everything is everywhere" erlangen Bakterien durch ihr ungeheuer großes Potenzial sich zu verbreiten. Bisher wurde angenommen, dass Organismen, kleiner als 1 mm, kosmopolitisch sind und im Wesentlichen keine biogeographische Variation aufweisen (Fenchel und Finlay, 2004). Diese Überlegung beruht einzig auf den großen Populationsdichten und einfachen Verteilungsmechanismen für sehr kleine Organismen. Andererseits ist dieses Diktum kaum zu widerlegen, da die absolute Abwesenheit eines Organismus schwer zu beweisen ist. Trotzdem zeigen viele Studien, dass eine große Anzahl von Bakterien nicht kosmopolitisch ist und sogar in einem Biotop verschiedene biogeographische Muster typisch sind (Foissner, 2006; Green und Bohannan, 2006; Martiny et al. 2006). Der Gedanke, dass die Umwelt selektiert („… but the environment selects") geht davon aus, dass nur die Organismen, die aktiv sind, wachsen und sich vermehren. Die Unterscheidung in „gewöhnlich" und „selten" vorkommend ist undeutlich und liegt bei 0,1 bis 1 % einer Gemeinschaft. Generell wird angenommen, dass selten vorkommende Arten biogeochemische Prozesse nicht beeinflussen (Pedrós-Alió, 2006; Malmstrom et al., 2005).

Für oft auftretende und wohl auch aktivere Bakterien geben molekulare Vergleichsstudien Aufschluss darüber, ob der betrachtete Organismus kosmopolitisch, weit verbreitet oder endemisch in einem Habitattyp ist und mit welchen Parametern ihr Auftreten korreliert (Fuhrman, 2009; Pommier et al., 2007). Pommier erstellte aus neun global verteilten, geographisch weit voneinander entfernten (<1000 km) Probenstellen 16S rDNA-Klon-Bibliotheken mit einer Abdeckung der erfassten Arten von 45 - 94 %. Von 582 einzigartigen operationalen taxonomischen Einheiten (OTU, engl. operational taxonomic units), die er mit der 97%igen Sequenzübereinstimmung definierte, waren 69 % endemisch, also nur an einer von neun Stellen vorkommend. 17 % kamen an zwei und 6 % an drei Orten vor. Die als kosmopolitisch einzustufenden Arten machten in dieser Studie nur 0,4 % aus. Der Anteil der endemischen Arten war unabhängig von der Populationsgröße. Die weit verbreiteten Arten waren auch die meist vertretenen Arten innerhalb eines Habitats. Die endemischen Arten waren an allen Standorten selten. 92 % von diesen kamen nur mit 1 - 2 Klonen vor. Eine Vereinfachung dieser Ergebnisse bedeutet, dass ein an einem Ort leicht zu detektierender Organismus wahrscheinlich auch an anderer Stelle anzutreffen ist, aber ein seltener, schwierig zu detektierender Organismus in manchen Habitaten unterhalb der Nachweisbarkeitsgrenze liegt. Betrachtet man solch seltene Arten über Raum und Zeit, lassen sich über ihr Auftreten Rückschlüsse auf ihre Physiologie machen.

Einleitung

Obwohl selten vorkommende Arten offensichtlich nur wenig in den meisten biogeochemischen Kreisläufen umsetzen, bedeutet dies nicht, dass sie unwichtig sind. In einem speziellen Habitat können diese Arten der „rare biosphere" eine Nische finden und ökologisch an Bedeutung gewinnen (Sogin et al., 2006). Organismen, die an Bedingungen einer Umwelt ideal angepasst sind, können zu einem anderen Zeitpunkt oder an einem anderen Ort Erfolg haben, in dem sie einfach nur existieren, also abwarten oder sich verbreiten (Pedrós-Alió, 2006). Sie dienen praktisch als Saatgutbank. Seltene Bakterien in einer distinkten Probe befinden sich eventuell im Prozess der Verteilung bis sie ihre Nische gefunden haben, in der sie gehäuft, vielleicht sogar dominant vorkommen. Solche Nischen können z. B. in Aggregaten („marine snow"), in Eingeweiden von Fischen, auf Oberflächen (z. B. *Vibrio* spp.), im Sediment (Noguchi und Asakawa, 1969; Kaneko und Colwell, 1973) oder unter bestimmten saisonalen oder gelegentlich ausgeprägten Umweltbedingungen wie z. B. El Niño auftreten. In einer vier Jahre umfassenden Zeitserie zeigte sich, dass in einigen Jahresabschnitten manche Bakterien nicht nachweisbar sind, in anderen Zeiten hingegen mehrere Prozent der Gesamtzellzahlen ausmachen können (Brown et al., 2005). In einigen Fällen bezieht sich der Aspekt der Saatgutbank nicht auf den ganzen Organismus, sondern nur auf spezielle Gene (Sogin et al., 2006). Manche solcher Gene können, wenn sie in ein anderes Bakterium transferiert werden, zu neuen eventuell besser adaptierten Rekombinanten führen.
Einige als „notorisch" selten eingestufte Bakterienarten können trotzdem Bedeutung für globale biogeochemische Stoffkreisläufe haben. So wurde angenommen, dass die marine Stickstofffixierung primär durch *Trichodesmium*, einem global eher selten, aber lokal und saisonal häufig vorkommenden Cyanobakterium (Capone et al., 1997) und durch symbiotische Cyanobakterien im Phytoplankton (Zehr und Ward, 2002) erfolgt. Gegenwärtige Studien lassen auch vermuten, dass eher seltene, kleine unizelluläre Cyanobakterienarten (Cyanobakterien der Gruppe A), die nur 5 - 10 Individuen pro Milliliter stellen, hin und wieder kumulativ mehr Stickstoff fixieren als die häufiger vorkommenden Organismen (Montoya et al., 2004).
Es stellt sich die Frage, was ist lokal? Welche Unterschiede Bakteriengemeinschaften über bestimmte Distanzen zeigen, konnte eine Arbeit von Hewson et al. (2006) deutlich machen. Die Autoren untersuchten die Verbreitung von Bakterien in der Tiefsee sowohl des Pazifiks als auch des Atlantiks. Es konnte gezeigt werden, dass sich die Übereinstimmungen der Gemeinschaften an den Probennahmestellen im Bathypelagial signifikant veränderten. Diese Ergebnisse verdeutlichen, dass die Tiefsee in weiten Teilen nicht so uniform ist wie bisher angenommen wurde. Selbst kleine Areale zeigten signifikante Unterschiede zu umgebenden Gebieten, obwohl keine „Hot spots", wie Heiße Quellen oder Schwarze Raucher, dort zu finden waren (Hewson et al., 2006).

Einleitung

3.3 Marine Snow: Entstehung, Vorkommen und Verteilung

Der abwärts gerichtete Transport organischen Materials von der Wasseroberfläche in größere Tiefen erfolgt zu einem großen Teil als Partikel (Fowler und Knauer, 1986; Alldredge und Gotschalk, 1989). Der Sedimentationsprozess ist der Hauptmechanismus, mit dem Kohlenstoff, andere Nährstoffe (P, N und Si) und auch Spurenelemente in der Wassersäule umverteilt werden (Broecker und Peng, 1982; Hebel et al., 1986; Lee und Fisher, 1993; Simon et al., 2002). Partikel variieren von dem Zusammenschluss weniger Individuen bis zur Zusammenlagerung von degradiertem Detritus. Sie bilden sich durch Zellteilung, sind Fäzes oder sie entstehen durch Koagulation mehrerer Partikel. Partikel, kleiner als 10 µm, können schon an der Oberfläche zu größeren Aggregaten zwischen 100 und 1000 µm zusammenfinden. Transparente Exopolymere (hauptsächlich Kohlenhydrate), die von vielen marinen Organismen ausgeschieden werden, „verkleben" kollidierende Partikel miteinander (Decho und Herndl, 1995) und bilden nach Alldredge et al. (1993) und Engel (2004) „transparent exopolymeric particles" (TEP). Einige Bakterien scheiden Exopolymere aus, wenn sie auf Oberflächen oder an Partikeln siedeln (Decho, 1990; Costerton, et al., 1999). Andere Bakterien, wie z. B. *Lentisphaera araneosa*, bilden diese Substanzen im Freiwasser aus, um eventuell Nahrungspartikel einzufangen (Cho et al., 2004).

Die Partikelgröße wird durch Remineralisierung, Lösung im Wasser und physikalische Fragmentation durch mikrobielle Gemeinschaften und Zooplankton verringert (Turley und Mackie, 1994; Kiørboe, 2001).

Die Degradation ist zum großen Teil der Aktivität der assoziierten Bakterien, welche typischerweise in wesentlich größerer Individuenzahl auftreten als im Freiwasser, zuzuschreiben (Kiørboe, 2001; Simon et al., 2002). Diese Bakterien bilden diverse Gemeinschaften, die in einem Biofilm, auf und in einem Partikel leben (Artolozaga et al., 1997; Grossart und Simon, 1998; Wörner et al., 2000) und deren Artzusammensetzung sich signifikant von der freilebenden Gemeinschaft unterscheiden kann (DeLong et al., 1993; Acinas et al., 1999; Crump et al., 1999) oder gewisse Übereinstimmungen zeigt (Hollibaugh et al., 2000; Moeseneder et al., 2001).

Die Populationsdynamik der „marine snow" Bakterien ist sehr komplex und ist von verschiedenen Faktoren abhängig: der Rate der Ansiedlung und der Ablösung, des Wachstums und der Mortalität. Diese Faktoren sind wiederum von der Mobilität der Organismen, dem dynamischen Strömungsumfeld des Partikels und von intra- und interspezifischen Wechselwirkungen der Organismen untereinander (Fraßdruck, Wettbewerb um Nährstoffe und intra- bzw. interspezifische Kommunikation) abhängig (Kiørboe, et al. 2003). Das meiste organische Material wird bakteriell in den obersten hundert Metern der Wassersäule verbraucht. Dort erreichen Bakterien Dichten von 10^6 Zellen/ml. Viele Bakterien können einen chemischen Gradienten in ihrer Umwelt wahrnehmen und ihm folgen (Mitchell et al., 1996; Blackburn et al., 1998; Grossart et al., 2001; Kiørboe und Jackson, 2001). Diese motilen Bakterien können mehrere hundert µm pro Sekunde schwimmen (Mitchell et al.,

Einleitung

1995) und sind so in der Lage, Partikel aktiv und damit vorherrschend zu kolonisieren (Kiørboe et al., 2002). Bakterien, die Partikel kolonisieren, weisen eine Dichte von bis zu 10^9 Zellen pro ml auf (Azam und Long, 2001) und sind pro Zelle metabolisch aktiver als freilebende Bakterien (Ghiglione et al., 2007; Baltar et al., 2009). Sie produzieren reichlich extrazelluläre Enzyme, die Proteine und Polysaccharide aufspalten. Spaltungsprodukte gelangen ins umgebende Medium (Smith et al., 1992) und formieren sich zum größten Teil hinter dem Partikel zu einer Fahne (Kiørboe und Jackson, 2001). Diese Umwandlung von sinkendem Material (POM) in gelöstes organisches Material (DOM) in den oberen Schichten der Ozeane führt dazu, dass DOM dort wieder inkorporiert wird. Wegen dieser Umsetzungsprozesse (Remineralisierung) erreichen nur ungefähr 10 % des in der euphotischen Zone gebildeten Materials Tiefen um 1000 m und weniger als 1 % gelangt bis zum Boden.

„Marine Snow" ist ein wichtiger Bestandteil des Nahrungsnetzes in vielen Seegebieten. In Anlehnung an Kiørboe und Jackson (2001) könnten die Partikel und ihre Nährstofffahne den Hauptanteil der bakteriellen Biomasseproduktion unterhalten, obwohl sie nur einen relativ kleinen Raum in Anspruch nehmen. Diese Zonen erhöhter Nährstoffkonzentration und Bakteriendichte sind wiederum attraktiv für bakterienfressende Protozoa und größere, Protozoa-fressende Organismen (Abb. 3.5).

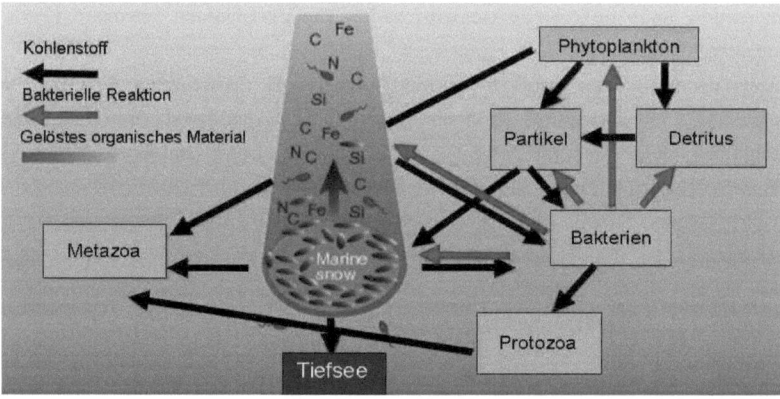

Abb. 3.5: Schematische Darstellung der Prozesse, die an der Remineralisierung von einem „marine snow" Partikel beteiligt sind (nach Azam und Long, 2001).

Der Partikelflux ist gekoppelt mit der Primärproduktion in der euphotischen Zone. Verstärkter Partikelflux und erhöhte TEP-Konzentrationen konnten während und unmittelbar nach Algenblüten gemessen werden. Es scheint, dass TEP besonders in Gebieten mit geringer Biomassekonzentration für die Partikelbildung und somit für die vertikale Verteilung der Nährstoffe essentiell sind (Engel, 2004).

3.4 Biofilm: Initiation und Aufrechterhaltung

Bakterien bilden an Grenzflächen organisierte Gemeinschaften von aggregierten Zellen, die in einer hydrierten Matrix aus extrazellulären polymeren Substanzen (EPS, eng.: extracellular polymeric substances), genannt Biofilm, existieren (Costeron et al., 1999; Donlan und Costeron, 2002). Biofilmformierung ist eine Anpassung von Bakterien und repräsentiert einen Lebensmodus der Bakterien, der es ihnen erlaubt, selbst in widrigen Umgebungen zu überleben und neue ökologische Nischen zu besetzen (Hall-Stoodley und Stoodley, 2005; Purevdorj-Gage et al., 2005; Mai-Prochnow et al., 2008). Durch den Oberflächeneffekt kommt es zu einer Konzentration von Nährstoffen. Der Oberflächeneffekt beruht auf elektrischer und hydrophober Wechselwirkung zwischen gelösten Ionen und dem Substrat. Dieses sogenannte „Conditioning" der Oberfläche bietet Bakterien einen wesentlichen Vorteil gegenüber der wässrigen Umgebung, in der die Nährstoffe stark verdünnt vorkommen.

Bakterien im Biofilm zeigen durch die Ausbildung einer dreidimensionalen Struktur und einer heterogen Artengemeinschaft ein koordiniertes Verhalten (Stoodley et al., 2002; Hall-Stoodley et al., 2004). Die phänotypische Heterogenität ist auffällig und kann nur durch Spezialisierung erfolgen. Zum Beispiel zeigen Bakteriengemeinschaften innerhalb des Biofilms Unterschiede in der Expression von Oberflächenmolekülen, der Antibiotikaresistenzen, der Nährstoffverwendung und der Virulenzfaktoren (Vuong et al., 2004; Pearson et al., 2006; Lenz et al., 2008). Biofilmbakterien nutzen Zell-Zell-Kommunikation durch Segregation von chemischen Signalen („Quorum sensing"), wie es für *Vibrio cholerae* und *Streptococcus aureus* gezeigt wurde (Brady et al., 1992; Liu et al., 2007). Sie zeigen generell eine hohe Adaptation an Mikronischen, was dazu führt, dass Biofilmgemeinschaften auch unter Stress ihre normale Populationsdichte erreichen (Jensen et al., 2007).

Biofilme bilden sich auf abiotischen und biotischen Oberflächen. Auf der Oberfläche können Bakterien sich als Einzelindividuen (Monolayer) oder als dreidimensionale Strukturen (Multilayer) ausbilden. Bei einem Monolayer hat ein Bakterium nur mit der Oberfläche Kontakt, in einem Multilayer zusätzlich mit benachbarten Bakterien (Karatan und Watnick, 2009). Multilayer Biofilme basieren auf wachsenden Monolayer Biofilmen.

Bei Bakterien, die ein Flagellum besitzen (z. B. *V. cholerae*), ist die Bildung eines Monolayers auf einer Oberfläche über die Zeit zu beobachten (Moorthy und Watnik, 2004). Diese Ansiedlung erfolgt in zwei Schritten. Bakterien nähern sich zunächst einer Oberfläche und werden an diese gebunden. Sie befinden sich im transienten Stadium. Die meisten Bakterien lösen sich wieder ab. In einem Prozess der stochastisch erscheint, verbleiben einige Bakterien an der Oberfläche und siedeln permanent. Der Übergang zum permanenten Stadium wird vermutlich durch Umweltsignale initiiert. Neueste Erkenntnisse lassen eine Änderung des Membranpotenzials ($\Delta\Psi$) vermuten (Van Dellen et al., 2008). Aber auch Flagellen und Pili spielen eine wesentliche Rolle bei dem Übergang von transienten zu permanenten Stadien. Aktive Bewegung der Bakterien erhöht die Wahrscheinlichkeit des Kolonisierens, da das Bakterium in der Lage ist, abstoßende Kräfte zu überwinden (Lemon et al., 2007; Kirov et al.,

Einleitung

2004; Watnik und Kolter, 1999). Immobilisierung des Flagellums scheint daraufhin ausschlaggebend für die Bildung von Multilayer Biofilmen zu sein (Lauriano et al., 2004; Watnik et al., 2001). Einziehbare Pili sind eine weit verbreitete Voraussetzung für das Ansiedeln von gram-negativen Bakterien auf Oberflächen (Bechet und Blondeau, 2003; Kang et al., 2002). Einige können sich sogar entgegen einer Kraft einziehen und so den Kontakt zu einer Oberfläche halten (Merz et al., 2000). Die Immobilisierung und das Ausbilden und Einziehen von Pili sind von der Zelle gesteuerte Vorgänge, die auf der Transkriptionsebene sichtbar sind. So konnten Studien zeigen, dass Flagellen-Gene bei Bakterien in Biofilmen unterdrückt sind (Moorthy und Watnik, 2004). Eine Menge weiterer Gene, darunter viele Chemotaxisgene, erfahren eine Regulierung auf Transkriptebene. Bakterien, die sich einer Oberfläche nähern, „entscheiden" sich für die sessile oder für die freilebende Lebensform (Karatan und Watnik, 2009).

3.5 Archaea: relatives Vorkommen und metabolisches Potenzial

Archaea werden in der gesamten Wassersäule, also an der Oberfläche und in der Tiefsee, gefunden. Sie sind quantitativ ein wichtiger Bestandteil des Picoplanktons der Tiefsee (Karner et al., 2001; Francis et al., 2005; Herndl et al., 2005). Pelagische prokaryotische Gemeinschaften umfassen psychrotolerante und freilebende, bis heute unkultivierte Archaea und könnten auch anaerob wachsende, auf Partikel angesiedelte methanogene Archaea beheimaten. Die bisher entdeckten Archaea werden vier Gruppen zugeordnet. Die Gruppe I und die Gruppe 1A Archaea umfassen alle Crenarchaea, in Gruppe II bis IV werden verschiedene Euryarchaea eingeordnet (DeLong, 1992; Murray et al., 1998; Bano et al., 2004, DeLong et al.; 2006). Zurzeit ist von 13 Archaea das Genom bekannt, (DeLong, 2005; Konneke et al., 2006; Hallam et al., 2006a). *Nitrosopumilus maritimus* wächst aerob durch Oxidation von Ammonium zu Nitrit (Konneke et al., 2005). Dieser Stoffwechselweg zur Energiegewinnung war bis dahin bei Archaea unbekannt. Betrachtet man das hohe Vorkommen der Crenarchaea und ihrer Genen, die für die putative Untereinheit A der Ammonium Monooxygenase (AmoA) kodieren, so kann vermutet werden, dass ein großer Teil der Crenarchaea in der Tiefsee Nitrifizierer sind (Wuchter et al., 2006; Lam et al., 2007 und 2009). Wäre dies der Fall, müsste die Rolle der Archaea im globalen Stickstoffkreislauf neu betrachtet werden. Außerdem leben Ammonium-oxidierende Archaea autotroph oder mixotroph und ihnen müsste somit auch im Kohlenstoffkreislauf eine stärkere Rolle zugewiesen werden (Ingalls et al., 2006). *Crenarchaeum symbiosum* verfügt über Gene des 3-Hydroxyproprionat/4-Hydroxybutyrat Stoffwechselwegs zur autotrophen CO_2-Fixierung (Hallam et al., 2006a, b; Berg et al., 2007). Daten aus der Global Ocean Sampling (GOS) Datenbank weisen einen hohen Anteil von Genen in Archaea für ein Schlüsselenzym dieser Kohlenstoff-Fixierung auf (Berg et al., 2007; Rusch et al., 2007). In der KM3- und DeepAnt-Klonbibliothek finden sich ebenfalls Gene dieser und anderer kohlenstofffixierender Stoffwechselwege (Martin-Cuadrado et al., 2008). Beobachtungen lassen vermuten, dass die

Einleitung

Kohlenstofffixierung bei Archaea in den Ozeanen weit verbreitet ist. Shot-gun Klonierungen, wie bei der GOS angewandt, ermöglichen jedoch nur bei geringer Artenvielfalt funktionelle Gene mit einer bestimmten Umwelt und metabolische Gene mit bestimmten phylogenetischen Gruppen, direkt in Verbindung zu setzen (Tringe et al., 2005).

Vergleichende Studien über Archaea gibt es nur relativ wenige. Jedoch scheinen sie alle zu zeigen, dass Archaea innerhalb einer Gruppe, obwohl die Ähnlichkeit der 16S rDNA sehr hoch ist, variierende Genome aufweisen können (Schleper et al., 1998; Beja et al., 2002). So zeigen zum Beispiel Vertreter der Euryarchaea der Gruppe II aus Oberflächenwasser proteorhodopsinähnliche Gene, die vermutlich durch horizontalen Gentransfer von phototrophen Bakterien auf diese Gruppe übergingen und zur Photoautotrophie befähigen. Euryarchaea der Gruppe II aus tieferen Schichten der Wassersäule hingegen weisen diese Gene nicht auf (Frigaard et al., 2006).

Zu der Gruppe 1A Crenarchaea ist wenig bekannt. Vertreter dieser Gruppe sind sehr selten in Proben aus dem offenen Ozean zu finden (DeLong et al., 2006). In einer Studie von Zaballos et al. (2005) konnten Fragmente der 16S rDNA dieser Gruppe im Mittelmeer, nicht aber in der Grönland See detektiert werden. Eine weitere Arbeit konnte Gruppe 1A Crenarchaea in der Ionischen See und in der Adria nachweisen, nicht aber in Proben aus dem Südatlantik und der antarktischen Polar Front (López-García et al., 2004; Moreira et al., 2006; Martin-Cuadrado et al., 2007; Martin-Cuadrado et al., 2008).

Archaea der Gruppe III sind in Tiefen von 300 m und 500 m im Pazifik, in 940 m in der Alborischen See (Mittelmeer) und in 3000 m Tiefe in der Antarktis (Polar Front) gefunden worden (Fuhrman und Davis, 1997; Massana et al., 2000; López-García et al., 2004). Bisher existieren nur aus einer Arbeit genetische Informationen zu den Archaea der Gruppe III (Martin-Cuadrado et al., 2008). Neben Komponenten des Translationsapparats, wie verschiedene tRNA-Synthetasen, wurde ein Protein gefunden, welches Ähnlichkeiten mit der Ammoniumpermease AmtB aufweist und mit einer Histidinkinase-Domaine assoziiert ist. Proteine dieser Struktur wurden in den Bakterien *Pravibaculum lavamentivorans* DS-1, *Planctomyces maris* DSM 8797 und in dem anaeroben Ammoniumoxidierer *Candidatus Kuenenia stuttgartiensis* gefunden. Die Ähnlichkeiten liegen allerdings unter 66 %. Der Chemotaxis-Antwort-Regulator, CheY, wurde in unmittelbarer Nachbarschaft dazu gefunden. Eine Kombination dieser Zwei-Komponenten-Systeme gleichen dem Ammoniumsensor und -transporter Ammonium-oxidierender Bakterien (Arp et al. 2007). Die tatsächliche Funktion in Gruppe III gefundener oben erwähnter Proteine ist noch nicht aufgeklärt.

Zur Gruppe IV Euryarchaea sind keine genomischen Informationen bekannt.

3.6 Bakterielle Biolumineszenz: Ökologie, Organisation und Regulierung

Biolumineszenz ist die Fähigkeit, von Organismen mittels eines Luciferase katalysierten Prozesses sichtbares Licht zu emittieren. Das Phänomen der Biolumineszenz kann an verschiedenen Lebewesen wie Bakterien, Pilzen und Algen beobachtet werden. Biolumineszente Fische oder Insekten leuchten nicht aus eigener Kraft, sondern beherbergen in speziellen Organen Bakterien, die Licht emittieren können. Die symbiotische Beziehung zwischen dem Tintenfisch *Euprymna scolopes* und einem Stamm von *Vibrio fischeri* ist ein bemerkenswertes Beispiel einer spezifischen Kooperation während der Entwicklung und des Wachstums beider Organismen (Ruby und McFall-Ngai, 1992; McFall-Ngai und Ruby., 1991). Der Vorteil für biolumineszente Bakterien, die auf partikulärem Material (z. B. „marine snow") oder als Saprophyten auf totem Nekton leben, ist noch nicht umfassend geklärt, auch wenn Lumineszenz dazu dienen könnte, potentielle Räuber (Wirtstiere) aufmerksam zu machen. Hastings et al. (1985) vermuten eine mögliche Funktion der Luciferase in Bezug zu ihrer Fähigkeit, den Transport von Elektronen auf Sauerstoff zu katalysieren. Dies wäre ein alternativer Weg des Elektrontransports unter geringem Sauerstoffpartialdruck.

Da die Expression der Luciferase in vielen Bakterien von der Zelldichte abhängt, zeigen freilebende Bakterien keine Lichtemission (Engebrecht und Silverman, 1987). Lumineszenz wird daher nur bei Bakterien beobachtet, die in einer begrenzten Umwelt leben wie in Fischen oder als Kolonien auf festen Nährstoffquellen wie z. B. Partikeln oder Biofilmen (Meighen, 1993; Ruby und Lee, 1998; Hastings und Greenberg, 1999; Gram et al., 2002). Von der Zelldichte abhängige bakterielle Phänomene nennt man „Quorum sensing". Sie ermöglichen die Kommunikation zwischen dem einzelnen Mikroorganismus und benachbarter Populationen und die koordinierte Aktion eines Individuums in einer Gemeinschaft. Ein solches System basiert auf der extrazellulären Akkumulation eines kleinen autogenerierten chemischen Signals, das in einer Population die Änderung des Phänotypes induziert (De Kievit und Iglwesky, 2000; Fuqua et al., 1994). Der Terminus „Quorum sensing" wurde zuerst von Fuqua et al. (1994) benutzt und bezeichnet die benötigte Mindestzellzahl (Quorum), um als Population konzentriert auf die Umwelt zu reagieren. Das Signalmolekül nennt man „Autoinducer", da es in der Bakterienzelle generiert wird. Die Antwort (Autoinduktion) erfolgt, wenn eine Mindestzellzahl anderer Bakterienzellen diesen „Autoinducer" wieder in die Zelle aufnimmt. Mit anderen Worten basiert der gesamte Kreislauf auf der intrazellulären Produktion, dem Export, der extrazellulären Konzentration und dem folgenden Import eines niedermolekularen Signalmoleküls in benachbarte Zellen. Dieser Vorgang führt ab einer kritischen Zelldichte zu einer Antwort der Population auf die Umwelt (Pappas et al., 2004; Parent et al., 2008).

Bisher wurden zwei verschiedene Klassen Signalmoleküle mikrobiellen Ursprungs identifiziert. Aminosäuren und kleine Peptidderivate bilden die 1. und Fettsäurederivate, die Homoserin Lactone genannt werden, die 2. Klasse. Erstere werden vornehmlich von

Einleitung

grampositiven Bakterien und letztere von gram negativen Bakterien gebildet (Lazazzera und Grossman (1998), Shapiro (1998), Dunny und Winans (1999), Whitehead et al. (2001). Im Falle des Luciferasesystems wird durch den „Autoinducer" die Expression des *lux*I-Genclusters hochreguliert (Abb. 3.6). Dieses Biolumineszenz-Gencluster in *A. fischeri* ist 9 kb lang. Es kodiert alle benötigten Gene (Hastings und Greenberg, 1999). Das Gencluster besteht aus acht *lux* Genen (*lux*A - E, *lux*G, *lux*I und *lux*R), die in zwei bidirektional transkribierbare Operons aufgeteilt sind (Engebrecht et al., 1983). Diese Struktur wird *lux*-Regulon genannt. Durch das LuxR-Protein und den Autoinducer wird das *lux*ICDABEG-Operon aktiviert (Engebrecht und Silverman, 1987). Das *lux*I-Gen wird für die Synthese des Autoinducers, 3-oxo-Hexanoylhomoserin Lacton (HSL) benötigt. Die Polypeptide der Gene *lux*C, *lux*D und *lux*E bilden den Fettsäurereduktasekomplex, bestehend aus einer Reduktase, Transferase und Synthase.

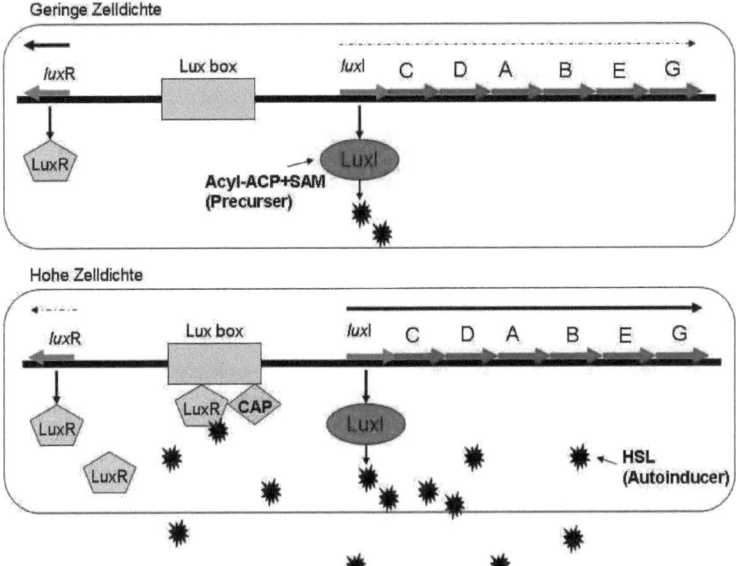

Abb. 3.6: Das LuxI/LuxR-System in *A. fischeri*. Sechs Strukturgene (*lux*CDABEG) und zwei Regulatorgene (*lux*I und *lux*R) werden für das quorum-sensing kontrollierte Lumineszenzsystem benötigt. CAP = cyklisches Adenosinmonophosphat Rezeptorprotein; HSL = 3-oxo-Hexanoylhomoserine Lacton; Acyl-ACP = Acyl-Acyl Carrier Protein; SAM = S-Adenosylmethionin. Verändert nach Gera und Srivastava (2006).

Dieses Multienzym katalysiert die Synthese des Substrats der Luciferase, ein Aldehyd. Die *luxA*- und *luxB*-Gene kodieren die Untereinheiten der heterodimeren Luciferase. Die mögliche Funktion des LuxG als eine Flavinreduktase wurde 1994 von Zenno und Saigo aufgezeigt. Bei geringer Zelldichte (Abb. 3.6, obere Hälfte) werden *luxI* und *luxR* nur in geringen Konzentrationen transkribiert und die Produkte können sich nicht in der Zelle akkumulieren, um so die LuxR abhängige Transkription des *lux*-Operons auszulösen. Wenn die Zelldichte der Population steigt, erhöht sich auch die Konzentration des Autoinducers sowohl intra- als auch extrazellulär (Abb. 3.6, untere Hälfte). Bei einer kritischen Autoinducer-Konzentration bindet das LuxR-Protein mit einem weiteren regulatorischen Protein, dem CAP (cAMP-Rezeptorprotein), an den Lux-Promotor (Lux-Box) und aktiviert die Transkription des Operons. Das Resultat ist ein exponentieller Anstieg der Autoinducersynthese, da jetzt LuxI verstärkt gebildet wird. Wenn sich der LuxR-Autoinducer Komplex bildet und am *luxR*-Promotor bindet, hemmt dieser die Transkription von *luxR*.

Die Luciferase katalysiert die Oxidation eines Aldehyds und eines reduzierten Flavinmononukleotids ($FMNH_2$). Es entsteht eine Fettsäure, Wasser und oxidiertes Flavinmononukleotid (FMN). Emission von blau-grünem Licht mit einer maximalen Intensität um 490 nm geht mit der Reaktion einher (Gleichung 3.1). Die benötigte Energie, um Licht auszustrahlen, wird aus der Oxidation des Substrats gewonnen.

$$FMNH_2 + O_2 + RCHO \xrightarrow{\text{Luciferase}} FMN + H_2O + RCOOH + h \quad (490 \text{ nm}) \qquad (3.1)$$
(aliphatisches   (Fettsäure)
Aldehyd)

Verschiedene lumineszente Bakterien können Unterschiede im Lumineszenzspektrum aufweisen. Diese kommen durch die Anwesenheit von verschiedenen Sensibilisatorproteinen zustande, die eine Verschiebung der Wellenlänge bewirken (Ruby und Nealson, 1977; Lee, 1985; Eckstein et al., 1990).

Bei Populationenen von *V. fischeri* konnte im Biofilm biolumineszentes „Quorum sensing" beobachtet werden (Parent et al., 2008).

3.7 Vorkommen von Hydrogenasen in marinen Habitaten

In der Natur dient Wasserstoff (H_2) vielen Prokaryoten und einigen Eukaryoten als Energiequelle. Die H_2-Oxidation in anaeroben und aeroben Umwelten erfolgt enzymkatalysiert durch Hydrogenasen. Einige Hydrogenasen sind bidirektional, d. h. sie katalysieren ebenfalls die H_2-Produktion (Gleichung 3.2).

$$2H^+ + 2e^- \rightleftarrows H^- + H^+ \rightleftarrows H_2 \tag{3.2}$$

Oberflächenwasser aller aquatischer Lebensräume zeigen eine Wasserstoffproduktion (H_2) und -zehrung. Die Ozeane bilden hierbei die vermutlich größte natürliche Quelle für H_2 (Price et al., 2007). In allen Fällen ist das Maximum der H_2-Konzentration an der Oberfläche und es nimmt schnell innerhalb der Thermocline ab. Die Tiefsee ist H_2 untersättigt (Scranton et al., 1982; Conrad und Seiler, 1988; Herr et al., 1984). In Frischwasserseen entsteht Wasserstoff an der Oberfläche zum Teil saisonal (Schütz et al., 1988; Schmidt und Conrad, 1993; Herr et al, 1981; Punshon et al.,, 2007). In einigen Seen wurde eine Wasserstoffsättigung im Oberflächenwasser während der Dämmerung gemessen (Conrad et al., 1983).

Neben abiotischen Quellen für die H_2-Produktion z. B. in Form von photochemischer Oxidation von Kohlenwasserstoffen (Punshon und Moore, 2008) sind vor allem bakterielle Umsetzungsprozesse als Quellen bekannt. Mycobakterien, eine Hydrogenase tragende Klasse mariner Bakterien, nimmt Wasserstoff unter aeroben Bedingungen auf (King, 2003) und fungiert so als H_2-Senke. Auch wenn die gefundenen Konzentrationen in den Oberflächenwassern zu gering sind, um Wachstum ausschließlich auf H_2 als Substrat zu gewähren, so kann zumindest das Wachstum unterstützt werden, besonders in ansonsten oligotrophen Habitaten (Morita, 2000; King und Weber, 2007).

Böden stellen hingegen überwiegend eine Wasserstoffsenke dar. Hier wird der Wasserstoff mikrobiell via Hydrogenasen oxidiert. Landmassen sind für die Aufnahme von fast 80 % des globalen H_2 verantwortlich (Rhan et al., 2003; Novelli et al., 1999; Conrad und Seiler, 1980). Bisher wurden wenige systematische Studien zur Verteilung der Hydrogenasen durchgeführt, die sowohl als Quelle als auch als H_2-Senke dienen können, sodass noch wenig darüber bekannt ist.

3.8 Fragestellung

Ein wesentliches Kriterium, welches bei der Auswahl eines geeigneten Standorts für ein Neutrino-Teleskop beachtet werden muss, ist die hohe optische Qualität des Wassers. Idealerweise sollte keine Trübung die Lichttransmission schwächen. Außerdem stellen sich besondere Fragen an die prokaryotische Diversität, welche im Calypso Deep bisher nicht erforscht ist. Aus diesen Gründen sollte

> die optische Eigenschaft des Wassers mittels Nährstoffanalysen, Messungen des gelösten und partikulären organischen Materials sowie der Bestimmung der Bakteriendichte analysiert werden.

> die Diversität im Hinblick auf Bakterien, die eventuell mit dem Betrieb des Teleskops interferieren, z. B. biolumineszente oder biokorrosive Arten, ermittelt werden.

Die Proben der Ionischen See bieten über das Teleskop-Projekt hinaus die Möglichkeit, ökologische Zusammenhänge zu untersuchen. Das Untersuchungsgebiet ist aufgrund der konstant hohen Wassertemperaturen von annähernd 13,5 °C des Meso- und Bathypelagials und der strikten Nährstofflimitierung ein idealer Standort,

> um die Variationen der prokaryotischen Diversität in Abhängigkeit von der Tiefe und dem Nährstoffangebot zu untersuchen.

> um die Beziehung zwischen oligotrophem Habitat, freilebender und Partikel-assoziierter Gemeinschaften, großer Tiefe und besonderen Stoffwechselleistungen (z. B. Wasserstoffmetabolismus) zu analysieren.

In dieser Arbeit wurden die Nährstoffe, gelöstes und partikuläres organisches Material und die Bakteriendichte bestimmt. Die Diversität von Bakterien und Archaea wurde mittels der Erstellung von 16S rDNA-Klonbanken sowie „Terminal Restriction Length Polymorphismen" (T-RFLP) und „Catalyzed Reporter Deposition Fluorescence in situ Hybridisation" (CARD-FISH)-Analysen erfasst. Daten über das gesamte Tiefenprofil sind dabei notwendig, um den Einfluss von lateralem Transport (Meeresströmungen) zu ermitteln.

4 Material und Methoden

4.1 Chemikalien und Nährmedium

Chemikalien

Die in dieser Arbeit verwendeten Chemikalien hatten den Reinheitsgrad „zur Analyse" bzw. „reinst" und wurden, soweit nicht anders angegeben, von den Firmen Biomol (Hamburg), Bio-Rad (München), Difco (Detroit, USA), Hekatech (Wegberg), Merck (Darmstadt), Riedel de Haën (Seelze), Roche (Mannheim), Roth (Karlsruhe), Serva (Heidelberg) und Sigma-Aldrich (Steinheim) bezogen. Für molekularbiologische Arbeiten wurden zusätzlich Chemikalien der Firmen Boehringer Ingelheim (Ingelheim am Rhein), Invitrogen (Karlsruhe), MBI Fermentas (St. Leon-Rot), Quiagen (Hilden), Macherey und Nagel (Düren) und MoBio Laboratories (Carlsbad, CA) verwendet.

Das in dieser Arbeit verwendete deionisierte Wasser wurde mit einer Seradest-Anlage SD 2000 der Elga Labwater GmbH (Celle) erzeugt und im Folgenden als H_2O bezeichnet. In PCR (Polymerase-Kettenreaktionen) eingesetztes deionisiertes Wasser wurde zusätzlich mit Sarstedt-Filtern (0,2 µm Porengröße) sterilfiltriert, anschließend 21 Minuten autoklaviert und für 6 Minuten mit UV-Licht bestrahlt (im Folgenden $H_2O^{\#}$ genannt).

Firmenbezeichnungen der verwendeten Geräte sind an den entsprechenden Stellen im Text benannt.

Nährmedium

Zur Kultivierung des Typstamms *Aliivibrio fischeri* sowie der *Escherichia coli* Klone in Flüssigmedium wurde Luria Bertani (LB)-Medium wie folgt angesetzt: 10 g NaCl, 10 g Pepton, 5 g Hefeextrakt auf 1000 ml H_2O.

Das Nährmedium wurde vor Gebrauch 30 Minuten autoklaviert. Nach Abkühlen auf mind. 50 °C erfolgte bei Bedarf die Zugabe des Antibiotikums Kanamycin (Endkonzentration 50 µg/ml). Für die Herstellung von Agarplatten wurde vor dem Autoklavieren 15 g Bacto Agar/l Medium zugegeben. Zur Kultivierung des Typstamms auf Agarplatten wurde dem Medium nach dem Autoklavieren sterilfiltrierte D-Fructose (1 % w/v) zugegeben.

Material und Methoden

4.2 Probennahme und -aufbereitung

Proben aus dem Mittelmeer wurden mit einem Kranzschöpfer (24fach) genommen. Aus jeder Tiefe (max. 11) wurden zwei Niskinflaschen (Schöpfflaschen) à 10 Liter Volumen geborgen. Bei den Probennahmen an Bord der R/V AEGAEO wurden die einzelnen Wasservolumina für die unterschiedlichen Analysen in determinierter Reihenfolge den Niskinflaschen entnommen. Zuerst wurden Proben zur Analyse des Gesamtkohlenstoffs (TOC) und des Gesamtstickstoffs (TON) aus einer der beiden Niskinflaschen abgefüllt, da ein Konsum dieser Elemente durch Mikroorganismen die Konzentrationen verändern würde. Die Proben für TOC (ca. 20 ml) wurden nach der Ansäuerung mit 50 µl 2,5 N HCl in ausgeglühten Glasampullen versiegelt und im Dunkeln bei 4 °C gelagert. Die Probennahme für die Stickstoffanalyse erfolgte in HCl-gereinigten und mit Kaliumpersulfat gespülten Schott Duran Flaschen (100 ml), die mit dem Probenwasser kurz durchgespült wurden. Die TON-Proben (40 ml) wurden eingefroren (-20 °C). Anschließend wurden 200 ml für die Nährstoffanalytik aus der bis dahin unbenutzten, verschlossenen Niskinflasche in 250 ml PE-Flaschen gefüllt und bei -20 °C eingefroren. Für die Bestimmung des partikulären organischen Materials wurden je 4 Liter für POC und PON in gereinigte Kanister (5 Liter) gefüllt und anschließend durch ausgeglühte GF/F-Filter (Ø = 25 mm, 0,7 µm Porenweite, Whatman) filtriert. Die Filterstücke lagerten bis zur Analyse bei -20 °C. Während des Befüllens der Kanister für die POC/PON-Proben wurden aus den Niskinflaschen, aus denen bisher nur die Entnahme des Wasservolumens für die Nährstoff-Analysen erfolgte, das gesamte Restvolumen mit Hilfe eines „inline" Filtrationsgeräts (Ø = 50 mm, Whatman, Dassel) über ein Niedrigvakuum (Wasserstrahlpumpe) gefiltert. Das Filtrationsgerät bestand aus einem 5 µm Vorfilter und einem 0,2 µm Hauptfilter (beide 47 mm Durchmesser). Die Filterstücke wurden bei -20 °C eingefroren und gelagert. Wasserproben für die FACS-Messungen von 11 ml Volumen wurden in 15 ml Sarstedtröhrchen gefüllt, mit sterilfiltriertem Formaldehyd (Endkonzentration 2 % (v/v)) fixiert und bei 4 °C dunkel gelagert. Ein Volumen von 90 ml wurde für die CARD-FISH-Analysen mit sterilfiltriertem Formaldehyd (Endkonzentration 2 % (v/v)) versetzt, im Dunkeln für eine Stunde fixiert und anschließend über 0,2 µm Filter (Ø = 25 mm) filtriert. Die Filter lagerten bei -20 °C. Alle wiederverwendeten Instrumente (Filterhalter, Schläuche und Pinzetten) lagerten zwischen den Probennahmen in 75 % Ethanol und wurden vor Gebrauch mehrmals mit Wasser (bidestilliert) und Ethanol gespült. Die Probenhalter der Filtrationseinheit wurden unmittelbar vor Gebrauch mit sterilfiltriertem bidestilliertem Wasser nochmals gereinigt.

Für die Beprobung der Oberflächen (Releaser, Benthoskugel/Glas und Korrosionsschlamm) wurden sterile Wattestäbchen benutzt. Die genommenen Abstriche wurden in Eppendorf-Reaktionsgefäßen bis zur Analyse tiefgekühlt aufbewahrt. Die genannten Objekte befanden sich an einer „Mooring-line", die für 15 Monate ausgebracht war und stammen aus Tiefen zwischen 4550 und 4300 m.

Der Transport der Proben erfolgte tiefgekühlt (-18 °C) oder gekühlt in Kühlboxen (4 °C).

Material und Methoden

4.3 Analytische Methoden

4.3.1 Bestimmung der Leitfähigkeit, Temperatur und Dichte (CTD)

Messungen der hydrographischen Parameter Leitfähigkeit (ppt), Temperatur (°C), Dichte (g/cm^3), Sauerstoffsättigung (mg/l) und Lichttransmission (460 nm) erfolgten mit einer CTD-Sonde (SeaBird Electronics SBE 9/11, Washington, USA), die an einer Niskinflaschen-Rosette (General Oceanics Inc., Florida, USA) angebracht war.

4.3.2 Nährstoffanalytik

Probengefäße, Destillen und andere Laborgeräte, die für die Nährstoffanalysen Verwendung fanden bzw. mit den benötigten Reagenzien in Berührung kamen, bestanden neben Quarzglas nur aus hochwertigen Kunststoffen (Perfluor-Ethylen-Propylen, Polytetrafluorethylen, Polypropylen, Low Density Polyethylen). Bei allen Arbeiten im Zusammenhang mit Probenmaterial wurden puderfreie Einmalhandschuhe aus Nitril getragen.

Die Mikronährstoffe (Nitrit, Nitrat, Ammonium und Phosphat) wurden von Frau Egge (Technische Assistentin am FTZ) photometrisch nach Grasshoff et al. (1983) bestimmt. Die Reproduzierbarkeiten liegen im Bereich von 5 - 8 %, die Detektionsgrenze für Phosphat bei ca. 0,008 µmol/l und für Nitrat bei 0,1 µmol/l.

4.3.3 Chlorophyllbestimmung

Die Chlorophyllkonzentrationen wurden zum einen chromatograpisch nach Mantoura und Llewellyn (1983), modifiziert nach Barlow (1990) und zum anderen photometrisch nach Lorenzen (1967) bestimmt. Wasserproben von je einem Liter Volumen wurden auf GF/F-Filter (Whatman) mit 47 mm Durchmesser vakuumfiltriert und das Phytoplankton konzentriert. Die Filtermembranen lagerten unmittelbar nach der Probennahme bei -20 °C und wurden nach 7 Tagen analysiert. Die folgende Präparation umfasste die Zellzertrümmerung in einer Zellmühle für 5 Minuten unter Zugabe von 1 g Glaskugeln (Ø = 2 mm) und anschließende Zentrifugation für 5 - 10 Minuten bei 3063 *g bei 4 °C (Varifuge 3.0 R, Heraeus). Für die Extraktion der Pigmente wurden 5 ml (zur chromatographischen Bestimmung) und 10 ml (zur photometrischen Bestimmung) 4 °C kaltes 90%iges (v/v) Acetons verwendet.

Die Chromatographie erfolgte mit einem HPLC-System von TSP (Thermo Separation Products GmbH, Darmstadt), bestehend aus Pumpe (P4000), Injektor (AS3000) und Detektor (FL2000). Für die Messungen wurde der Extrakt durch PFTE-Filter (Ø = 25 mm, Porengröße 0,2 µm) in braune Glasampullen gefüllt. Die HPLC-Läufe erfolgten über eine 250 mm lange Standardsäule (Nucleosil C18, 5 µm Partikelgröße, 120 Å Porenweite) mit einem Durchmesser von 4,6 mm nach dem Programm in Tabelle 4.1.

Material und Methoden

Tab. 4.1: Pumpeneinstellungen für die HPLC-Läufe.

	Zeit [Minuten]	A [%]	B [%]	Flussrate [ml/Minute]
1	00,00	100	0	1,5
2	14,00	0	100	1,5
3	25,00	0	100	1,5
4	28,60	100	0	1,5
5	35,00	100	0	1,5

A: 80 % Methanol + 10 % H_2O + 10 % 1 M Ammoniumacetat (v/v/v)
B: 60 % Methanol + 40 % Aceton (v/v)

Das Injektionsvolumen betrug 200 µl und die Applikationstemperatur war 5 °C. Die Säulentemperatur wurde auf 30 °C gehalten. Die Chlorophyll a-Konzentration konnte aus der Fläche unterhalb des Detektionspeaks bei 665 nm berechnet werden. Die Messungen nach Lorenzen erfolgten an einem Spektrophotometer (Hitachi U1100). Es wurde in einer 1 cm Quarzküvette vor und nach Zugabe von 10 µl konz. HCl (37 % (v/v)) zur Probe bei den Wellenlängen 750 nm und 663 nm gemessen. Die Bestimmung der Chlorophyll a-Konzentration [mg/m^3] erfolgte nach Gleichung 4.1 (Lorenzen (1967).

Chlorophyll a [µg/l] = 11,0 *2,43 ((E_{663} – E_{750})$_{v.\,A.}$ - (E_{663} – E_{750})$_{n.\,A.}$)/V   (4.1)
V = Probenvolumen
v. A. = vor Ansäuerung
n. A. = nach Ansäuerung

4.3.4 Bestimmung des partikulären organischen Kohlenstoffs und Stickstoffs

Die Probenfilter wurden zur Entfernung von carbonatischem Kohlenstoff über 37%iger HCl in einem Kabinett digeriert und bei 40 °C statisch getrocknet. Die Probenfilter wurden in Zinnschiffchen verpackt und der organische Kohlenstoff sowie der organische Stickstoff wurden durch katalytische Verbrennung im Sauerstoffstrom in CO_2 bzw. NO_2 überführt und gaschromatographisch (Eurovector EA 3000, Hekatech) bestimmt (vgl. Grasshoff et al., 1983). Zur Kalibrierung wurden Acetanilid und Bodenstandard (Feuchtschwarzerde mit N = 0,216 % und C = 3,500 %, Hekatech) verwendet. Die Bestimmungsgrenze für Stickstoff und Kohlenstoff liegt bei ca. 0,03 bis 0,2 % mit einer gerätespezifischen Messungenauigkeit von ca. 3 %.

Material und Methoden

4.3.5 Messung des gelösten organischen Kohlenstoffs und Stickstoffs

Um die gelösten organischen Elemente Kohlen- und Stickstoff zu bestimmen, wurden die ungefilterten Wasserproben analysiert. Durch die anschließende Analyse erhält man die Totalkonzentrationen. Da die partikulären Konzentrationen des organischen Kohlen- bzw. Stickstoffs bereits ermittelt wurden, erhält man durch einfache Subtraktion dieser von der Totalkonzentration die Werte für den gelösten organischen Kohlen- bzw. Stickstoff. Um die Konzentration des organischen gelösten Stickstoffs zu erhalten, müssen noch die DIN-Konzentrationen von den TON- und PON-Konzentrationen abgezogen werden. Die Bestimmung des totalen organischen Kohlen- und Stickstoffs erfolgte am Hellenic Centre of Marine Research (HCMR) in Griechenland.

Für die Messung des gelösten organischen Stickstoffs (TON) wurde das gesamte gelöste organische Material (DOM) einer Probe durch eine persulfonische Naßoxidation in Nitrat und Nitrit überführt (Solorzano und Sharp, 1980). Zur Oxidation wurde Dinatriumtetraborat und Kaliumperoxydisulfat der Probe zugegeben. Die Reaktionsgefäße wurden fest verschlossen und bei 120 °C für 30 Minuten autoklaviert. Die Konzentration der Substanzen wurde kolorimetrisch mit einem Autoanalyser (Bran und Luebbe III, Deutschland) bestimmt (Pujo-Pay & Raimbault, 1994; Raimbault et al., 1999). Die erhaltenen Werte wurden um den Reagenzien-Leerwert korrigiert. Hierzu wurden 40 ml H_2O mit 5 ml des Oxidationsreagenz versetzt, autoklaviert und wie die Proben gemessen. Als Standard diente Glycin.

Die Wasserproben für die Messung des gelösten organischen Kohlenstoffs (TOC) wurden in vorgeglühte Glasampullen gefüllt und nach Ansäuerung mit 2.5 M HCl versiegelt. Die TOC-Analyse wurde nach der katalytischen Oxidationsmethode von Cauwet (1994) unter Verwendung eines Autoanalysers (Shimadzu TOC-5000, Duisburg) durchgeführt. Dieses Gerät oxidiert organisches Material bei einer Temperatur von 680 °C. Das sich bildende Kohlendioxid wurde mit einem nicht-dispersiven Infrarot-Detektor (NDIR) gemessen und mit einem Kaliumhydrogen-Phtalat Standard verrechnet.

4.3.6 Raster-Elektronenmikroskopie

Zur Begutachtung des Filterausschlusses durch die gewählten Filter wurden 10 ml des geschöpften Wassers aus vier Tiefen (5 m, 100 m, 1500 m und 4500 m) unbehandelt an Bord eingefroren und später unter einer Reinluftbank durch „inline" Filtration erst auf 5 µm und anschließend auf 0,22 µm Porenweite messende Polycarbonatfilter (Nuclepore, Whatman) mit einem Durchmesser von 25 mm konzentriert. Die Filter wurden daraufhin mit Gold bespattert und in einem Rasterelektronenmikroskop mit energie-dispersiver Röntgenanalyse (CamScan 44) betrachtet. Für die Untersuchung wurde eine Kathodenspannung von 15 kV gewählt und eine Blende von 70 µm. Der Vergrößerungsbereich lag zwischen 60- und 10000facher Vergrößerung. Bei 60facher Vergrößerung wurde ein Überblick von der Probe erhalten, mit der 10000fachen Vergrößerung wurden einzelne Bakterien und Partikel genauer betrachtet.

Material und Methoden

4.3.7 Bestimmung der Zellzahl mittels Fluorescence activated cell sorting

Die Messung der Zellzahl erfolgte an einem Flow Cytometer. Es wurde die Methode des *fluorescence activated cell sorting* (FACS) für ungefärbte und gefärbte Proben angewandt. Das Prinzip beruht auf der Detektion eines Partikels anhand seines Streulichts und seiner Fluoreszenz in einem Laserstrahl. Hierzu wird ein Überdruck auf die Wasserprobe ausgeübt, sodass diese in einem wenige µm breiten Wasserstrahl (Probenstrahl), umgeben von einem 75 µm durchmessenden Hüllstrahl (Reinstwasser), an einem Blaulichtlaser vorbeigeführt wird. Das Streulicht sowie die emittierte Fluoreszenz der Partikel nach der Laser Excitation werden mit Hilfe eines Photomultiplieres abgegriffen. Die Proben wurden mit einem FACS Vantage Flow Cytometer (Becton und Dickinson, Franklin Lakes, NJ, USA) gemessen, der mit einem Innova Enterprise II 621 Argonlaser ausgestattet war. Der Laser war auf 18 - 20 mV UV reguliert und emittierte bei 488 nm. Die Grünfluoreszenz des verwendeten SYBR-Gold wurde bei 530 nm gemessen (FL1-Modus). Die Autofluoreszenz des Chlorophylls wurde bei 675 nm (FL3-Modus) gemessen.

Die Flussrate betrug 25 µl/Minute. Der „sheat pressure" war eingestellt auf 12 psi und das „sample differential" auf 1 psi, was zur Zählung von ungefähr 200 Ereignissen pro Sekunde bei der Kalibrierung führte. Nach jeweils sieben Messungen wurde die Kalibrierung der Geräteeinstellungen mit Hilfe von Standardkugeln (Ø = 1,0 µm) durchgeführt. Hierbei wurde die Qualität der Streuwerte „forward scatter" (FSC) und „sideward scatter" (SSC) überprüft. Außerdem wurde die Qualität des Hüllstrahls überprüft und Nullwerte mit sterilfiltriertem deionisiertem Wasser durchgeführt. Der Schwellenwert für die Vorwärtsstreuung war auf 277 eingestellt (Threshold FSC 277). Punktdiagramme und Histogramme wurden mit dem Programm WinMDI 2.8 (J. Trotter, The Scripps Research Institute, La Jolla, CA) erstellt.

Die Seewasserproben (11 ml) wurden direkt mit sterilfiltriertem Formaldehyd (2 % (v/v) Endkonzentration) fixiert und bei 4 °C im Dunkeln in 15 ml Reaktionsgefäßen (Sarstedt, Nümbrecht) gelagert. Die leicht gevortexten Proben wurden aliquotiert. Ungefärbte Aliquots dienten zur Bestimmung der Gesamtpartikel und der Chlorophyll a-haltigen Partikel (Rotfluoreszenz) in einer Probe. Zur Bestimmung aller DNA-haltiger Partikel wurden Aliquots der Proben mit SYBR-Gold (Endkonzentration 2,5 µM) für 20 Minuten inkubiert. Der Fluoreszenzfarbstoff SYBR-Gold diffundiert durch Zellmembrane und interkaliert zwischen die DNA (Lebaron et al., 1998; Gasol et al., 1999). Die mit SYBR-Gold inkubierten Proben wurden unter den gleichen Bedingungen und Instrumenteinstellungen gemessen wie die ungefärbten Proben.

Material und Methoden

4.4 Molekularbiologische Methoden

Alle hitzestabilen Geräte, Materialien und Lösungen wurden zur Inaktivierung von Nukleasen autoklaviert (25 Minuten bei 121 °C). Hitzelabile Lösungen wurden als Lösung sterilfiltriert (Sarstedt Sterilfilter, 0,2 μm Porengröße). PCR-, Verdau- und Ligationsansätze wurden mit sterilen Filterspitzen und in DNase/RNase- freien 200 μl Reaktionsgefäßen durchgeführt.

4.4.1 Isolierung genomischer DNA

Die Isolierung der genomischen DNA aus Wasserproben erfolgte mit dem UltraClean Soil DNA Isolation Kit (MoBio Laboratories Inc., Carlsbad, CA) entsprechend den Herstellerangaben. Dabei wurde die alternative Lysemethode mit zwei aufeinanderfolgenden Heizschritten bei 70 °C für 5 Minuten verwendet.

Zur Isolierung genomischer DNA aus *Aliivibrio fischeri* wurden Zellen aus einer frischen Übernachtkultur zentrifugiert (7 Minuten, 10620 *g). Der Zellaufbruch erfolgte in 100 μl TE Puffer (10 mM Tris, 1 mM Na_2EDTA, pH = 8,0) mit 2 μl SDS (10 % (w/v)) und 100 ml Phenol-Chloroform-Isoamylalkohol (25:24:1 (v/v/v)) unter Verwendung von sterilen Glasperlen (Ø = 0,5 mm). Der Ansatz wurde 3 * 10 Sekunden gevortext und anschließend bei 10620 *g zentrifugiert. Der wässrige nukleinsäurehaltige Überstand wurde mit einem vierfachen Volumen Phenol-Chloroform-Isoamylalkohol (25:24:1) versetzt, gemischt und 5 Minuten bei 4 °C und 10620 *g zentrifugiert. Es bildeten sich drei Schichten. Die obere nukleinsäurehaltige Phase wurde in ein neues 1,5 ml Reaktionsgefäß überführt und erneut mit Phenol-Chloroform-Isoamylalkohol (25:24:1) versetzt. Dieser Vorgang wurde so lange wiederholt, bis keine weiße Interphase (denaturierte Proteine) mehr vorhanden war. Zur Fällung der DNA wurde die obere nukleinsäurehaltige Phase mit 1/10 ihres Volumens mit 3 M Natriumacetat-Lösung pH = 4,8 und mit 2,5 Volumen 100%igem Ethanol (-20 °C) versetzt. Nach 2 Stunden bei -20 °C erfolgte eine 15-minütige Zentrifugation bei -9 °C und 17950 *g. Die pelletierten Nukleinsäuren wurden mit 70%igem (v/v) Ethanol gewaschen und erneut zentrifugiert (5 Minuten, 15700 *g, bei Raumtemperatur). Nachdem der Überstand abgenommen wurde und alle Flüssigkeit evaporiert war, wurde die DNA in TE Puffer aufgenommen und über Nacht bei 4 °C gelöst.

4.4.2 Messung der DNA-Konzentration

Die Messung der DNA-Konzentration erfolgte mit einem UV/VIS NanoDrop 1000 Spektrophotometer (Thermo Fisher Scientific, Wilmington, USA). 1 μl der Probe wurde hierbei zwischen zwei Enden eines Glasfaserkabels gebracht. Eine Xenonlampe gibt gepulste Lichtblitze auf die Probe und ein linearer CCD (charge coupled device) Array analysiert die Lichttransmission. Die Konzentration der DNA wurde bei der Wellenlänge 260 nm durch das Lambert-Beersche-Gesetz (4.2) kalkuliert.

$$E_\lambda = -\lg (I_1 / I_0) = \quad * c * d \tag{4.2}$$

Material und Methoden

I_1 ist dabei die Intensität des transmittierten Lichts, I_0 die Intensität des eingestrahlten Lichts, c die Konzentration der absorbierenden Substanz in der Flüssigkeit (mol $*l^{-1}$) und ε_λ der dekadische molare Extinktionskoeffizient bei der Wellenlänge λ_{260}. Der Extinktionskoeffizient ist eine für die absorbierende Substanz spezifische Größe und kann unter anderem vom pH-Wert oder vom Lösungsmittel abhängen. d gibt die Schichtdicke des durchstrahlten Körpers wieder. Vor der Messung wurde der Elutionspuffer gemessen und als Referenz gesetzt. Jede Messung wurde dreifach durchgeführt.

4.4.3 Polymerase-Kettenreaktionen

Die Methode der Polymerase-Kettenreaktion (PCR, polymerase chain reaction) dient der Amplifikation beliebiger Nukleinsäureabschnitte. Sie erfolgte nichtradioaktiv nach dem Prinzip der Kettenabbruch-Methode nach Sanger et al. (1977). Voraussetzung ist die Bildung kurzer doppelsträngiger DNA-Abschnitte mit freien 3´-OH-Enden (Annealing) durch kurze Oligonukleotide (Primer), die dann von der Polymerase verlängert werden (Elongation). Die Synthesezeit hängt von der Länge des zu amplifizierenden DNA-Abschnitts und der Prozessivität der Polymerase ab. Nach der Denaturierung können neue Primermoleküle an die einzelsträngige DNA binden und der Prozess wiederholt sich. Die PCR führt zu einer exponentiellen Amplifikation. Die Temperaturprogramme und Primersequenzen für die PCRs sind im Folgenden dargestellt. Die Menge an eingesetztem Template betrug 2 ng - 100 ng der genomischen DNA. Um Kontaminationen der PCR-Reaktionen durch verschleppte DNA zu vermeiden, wurden die benötigten Puffer und Reagenzien in kleinen Aliquots aufbewahrt. Weiterhin wurde zur Kontrolle auf kontaminierende Lösungen ein Ansatz ohne Template-Zugabe durchgeführt. Außerdem erfolgten bei Verwendung neuer Primer die PCR mit einer Negativprobe sowie einer Positivprobe. Als Negativprobe wurde DNA von Arten verwendet, die das zu amplifizierende Gen nicht enthalten. Für alle Ansätze wurde ein sogenannter Mastermix angesetzt.

Standard-Ansatz für die Amplifizierung von DNA-Fragmenten:

	5,00 µl	10 x *Taq*-Puffer mit 500 mM KCl (Fermentas, St. Leon-Rot)
	5,00 µl	MgCl$_2$ (25 mM)
	4,00 µl	dNTPs (2,5 mM)
	5,00 µl	Primer forward (5 pmol/µl)
	5,00 µl	Primer reverse (5 pmol/µl)
	3,00 µl	genomische DNA (2 - 100 ng)
	0,25 µl	*Taq*-Polymerase (5 U/µl)
ad	50,00 µl	H$_2$O$^\#$

Die 50 µl PCR-Ansätze wurden in 200 µl Sarstedt PCR-Reaktionsgefäßen im Thermocycler (DNA-Engine-PTC-200, Bio-Rad) dem Programm aus Tabelle 4.2 unterzogen.

Material und Methoden

Tab. 4.2: Temperatur-Programm für PCR

Schritt	Temperatur	
Denaturierung	5 Minuten bei 95 °C	
Denaturierung	½ Minute bei 95 °C	⎫
Annealing	1 Minute bei 5 °C unterhalb der Primer Tm °C	⎬ 40 x
Elongation	x Minuten bei 72 °C	⎭
Elongation	10 Minuten bei 72 °C	
Ende	∞ bei 20 °C	

Tm °C: Schmelztemperatur der verwendeten Primer nach Herstellerangaben.
x Minuten: Die Prozessivität der Taq-Polymerase beträgt ca. 1000 bp/Minute. Daher richtet sich die Elongationszeit nach der Größe des zu amplifizierenden Fragments.

4.4.4 Primer

Die zur Amplifizierung der *luxA* Gene benötigten, der *Taq*-Polymerase als Primer dienenden, kurzen Oligonukleotide basieren auf Sequenz-Alignments. Die LuxA Aminosäure-Sequenzen von den Organismen *Vibrio harveyi* ATCC BAA-1116, *V. harveyi* HY01, *V. cholerae* RC385, *Photorhabdus luminescens* subsp. *laumondii* TTO1, *Shewanella woodyi* ATCC 51908 und *V. fischeri* ES114 (Accession Nummern: gi116217794, gi156977455, gi153833231, gi37525998, gi118070704 und gi59714104) sowie die *luxA* Nukleotid Sequenzen der *Vibrionaceae* Arten *V. splendidus*, *V. fischeri* spp., *Aliivibrio salmonicida* und *V. harveyi* spp. (gi154124974, gi239937982, gi239937979, gi239937949, gi239937901, gi239937811, gi164608741, gi164608693, gi164652708, gi164652706) wurden der Datenbank des National Centre for Biotechnology Information (NCBI) entnommen. Aus den Alignments der Sequenzen wurden zwei kurze Consensus-Sequenzen generiert, die als Primer dienten (LuxAFor/LuxARev; LX98F/LX583R).
Die Consensus-Sequenz der HoxG kodierenden Gene für die Primer HoxGFor, HoxGRev a und HoxGRev b wurde aus folgenden Spezies abgeleitet: Ralstonia *eutropha* H16, *Ralstonia metallidurans* CH34, *Methylibium petroleiphilum* PM1, *Polaromonas naphthalenivorans* CJ2, *Burkholderia vietnamiensis* G4, *Pseudomonas hydrogenovora*, *Alcaligenes hydrogenophilus*, *Beijerinckia indica* subsp., *Xanthobacter autotrophicus* Py2, *Oceanospirillum* sp. MED92, *Azotobacter vinelandii* AvOP, *Azorhizobium caulinodans* ORS 571, *Azoarcus* sp. BH72, *Paracoccus denitrificans* PD1222, *Bradyrhizobium japonicum* USDA 110, *Rhodobacter sphaeroides* 2.4.1, *Rhizobium leguminosarum*, *Oligotropha carboxidovorans* OM5, *Rubrivivax gelatinosus* und *Sagittula stellata* E-37 (Accession Nummern: ZP_01166595.1, gi38637670, gi124268011, gi121604875, gi123747, gi94310241, gi134291343, gi1498175, gi299293, gi47177023, gi182678136, gi154246117, gi89093648, gi67157882, gi158422223, gi119900076, gi69933880, gi27382052, gi77464064, gi48722 und gi126732738).

Material und Methoden

Die erhaltene Aminosäure-Sequenz wurde nach der IUPAC IUB Konvention von 1969 in Nukleotide übersetzt (IUPAC IUB CBN, 1971). Aufgrund des degenerierten Charakters des genetischen Codes mussten auch degenerierte Primer eingesetzt werden. Die Sequenzen der Primer für die 16S rDNA wurden aus der Literatur entnommen (Lane, 1991; DeLong, 1992). Die Primer für die große Untereineinheit (HoxH) der bidirektionalen NiFe-Hydrogenase erstellte Prof. Dr. Appel (ASU, Phoenix, USA). Die Primer zur Erkennung des Gens des Reifungsproteins HypD erstellte Dr. Beimgraben (University of Arizona, Tuscon, USA). Die in dieser Arbeit verwendeten Primer sind in Tabelle 4.3 dargestellt.

Tab. 4.3: In dieser Arbeit verwendete Primer

Name	Spezifität	Sequenz (5' - 3')
Eubac27F	16S rDNA	AGAGTTTGATCCTGGCTCAG
Univ1492R	16S rDNA	GGTTACCTTGTTACGACTT
Arch21F	16S rDNA	TTCCGGTTGATCCYGCCGGA
Arch958R	16S rDNA	YCCGGCGTTGAMTCCAATT
LuxAFor	*luxA*	GAACATCATTTYACTGAATTYGG
LuxARev	*luxA*	CCRTTTGCYTCRAATCC
LX98F	*luxA*	ARGAYTTYCGDGTVTTTGGB
LX583R	*luxA*	ACRAARTCHCGCCAYTGDCCTTT
HoxGFor	*hoxG*	TTYGGTGGTAARAAYCCTCAYCCTAAY
HoxGRev a	*hoxG*	CAAAGYTTYGAYCCATGYCTAGCATGY
HoxGRev b	*hoxG*	CAAAGYTTYGAYCCATGYTTRGCATGY
HoxHFor	*hoxH*	GTATYTGYGGYATTTGTCCTGT
HoxHRev	*hoxH*	GGCATTTGTCCTRCTGYATGTGT
HypDFor 1	*hypD*	GGTCCTGGTTGYCCTGTTTGY
HypDFor 2	*hypD*	GGNCCNGGCTGCCCGGTCTG
HypDRev	*hypD*	GGCGNNGTGGTTTCAAAGCC

4.4.5 Agarosegelelektrophorese

Lineare, doppelsträngige DNA-Moleküle bewegen sich durch eine Agarose-Matrix im elektrischen Feld mit einer Geschwindigkeit, die umgekehrt proportional zum Logarithmus der Größe ist. Außerdem hängt die Wanderung der DNA-Stücke von der angelegten Spannung, den Pufferbedingungen, der Agarosekonzentration und der DNA-Konformation ab. Die Abschätzung der DNA-Konzentrationen und -Größen erfolgte visuell anhand der Intensität und Lage der Banden in Agarosegelen. Zur Kalibrierung der Laufstrecke und der Konzentration dienten die auf das Gel aufgetragenen Längenstandards, Lambda DNA/HindIII Marker und GeneRuler 1 kb Marker (0,5 µg/µl) der Firma MBI Fermentas (St. Leon-Roth). Die Agarose wurde in Abhängigkeit der zu untersuchenden Fragmentgrößen, i. d. R.

0,8 % (w/v) in 10 x TBE Puffer (890 mM Tris, 890 mM H_3BO_3, 25 mM Na_2EDTA, pH 8,3) angesetzt, welcher gleichzeitig als Elektrophoresepuffer in der Gelkammer (Biozym, Hess. Oldendorf) diente. Die Agarose wurde durch Aufkochen im Mikrowellenofen gelöst. Nach dem Erkalten auf ca. 50 °C erfolgte die Zugabe von 0,0001 % (w/v) Ethidiumbromid. Vor dem Auftragen in die Geltaschen wurden die Proben mit 1/5 Volumen 5* Probenpuffer (50 % (v/v) Glycerin, 50 % (v/v) 10* TBE Puffer, 0,2 mg/ml Bromphenolblau) versetzt. Die Elektrophorese erfolgte bei einer Spannung von 5 V/cm Laufstrecke (Spannungsquelle Biometra, Göttingen). Zur Detektion der DNA-Banden wurden die Gele mit einem UV-Transilluminator (TF 20 M Vilber Lourmat; Torcy, Frankreich) bestrahlt und mit einer Videodokumentationsanlage (Alpha Imager 2200, Biozym, Hess. Oldendorf) ausgewertet.

4.4.6 Gelextraktion

Die Extraktion von DNA aus Agarosegelen erfolgte unter Verwendung des High pure PCR Product Purification Kits (Roche, Mannheim) nach Herstellerangaben. Zur Elution der DNA von der Säule wurde der Elutionspuffer im Verhältnis 1:2 mit H_2O verdünnt. Bei PCR-Produkten geringer Konzentration wurde zur Isolierung aus dem Gel das NucleoSpin Extract II Kit (Macherey-Nagel, Düren) nach Herstellerangaben eingesetzt.

4.4.7 Ligation

Die Ligation von PCR-Produkten in den pCR 2.1-TOPO Vektor (TOPO TA Cloning kit, Invitrogen, Karlsruhe) erfolgte unter Verwendung der entsprechenden Reagenzien und folgendem Protokoll: 2,25 µl des frischen PCR Produkts wurden mit 0,5 µl Salzlösung (1,2 M NaCl, 0,06 M $MgCl_2$) und 0,25 µl pCR 2.1-TOPO Vektor (10 ng/µl) versetzt (200 µl Reaktionsgefäß) und fünf Minuten bei Raumtemperatur inkubiert. TOPO TA Cloning ermöglicht die Insertion *Taq* Polymerase-amplifizierter PCR Produkte direkt in Plasmidvektoren. Der linearisierte Vektor weist am 3'-Ende Thymidin Überhänge auf, die mittels der Topoisomerase I (TOPO) mit den einzelnen Desoxyadenosinen (A) am 3'-Ende des PCR Produkts kovalent verbunden werden (Abb. 4.1).

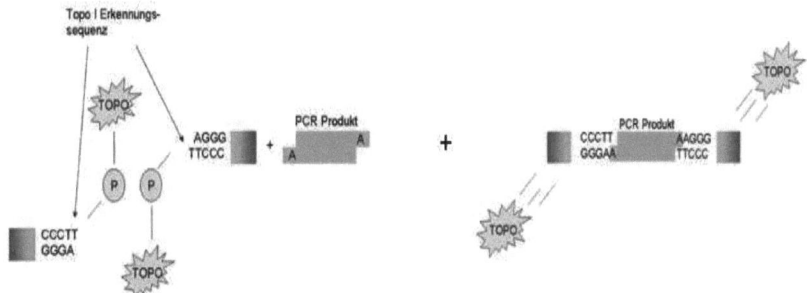

Abb. 4.1: Schematische Darstellung des Ligationsprinzips des TOPO TA Cloning Kits (Invitogen).

Material und Methoden

Topoisomerase I aus *Vaccinia* Virus bindet an spezifischen Stellen doppelsträngiger DNA und spaltet das Phosphodiester Rückrat nach 5'-CCCTT (Shuman, 1991). Die freiwerdende Energie wird in die kovalente Bindung zwischen dem 3'-Phosphat des geschnittenen Strangs und eines Tyrosyl-Rests (Tyr-274) der Topoisomerase I überführt. Die Phospho-Tyrosyl-Bindung zwischen der DNA und dem Enzym wird daraufhin durch das 5'-Hydroxylende des DNA-Strangs attackiert und die Topoisomerase abgetrennt (Shuman, 1994).

4.4.8 Adenylierung
PCR-Produkte verlieren nach längerer Aufbewahrung bei 4 °C die durch die *Taq*-Polymerase (MBI Fermentas, St. Leon-Rot) angehängten Adenosinreste. Diese sind eine Voraussetzung für die Ligation mit dem pCR 2.1-TOPO Vektor (4.4.7). Für die erneute Adenylierung wurde der PCR-Ansatz mit 1,25 U *Taq*-Polymerase und 3 µl dNTPs (2,5 mM) versetzt. Es folgte eine 15-minütige Inkubation bei 72 °C.

4.4.9 Transformation
Chemisch kompetente One Shot *E. coli* Zellen (Invitrogen, Karlsruhe) wurden auf Eis aufgetaut und mit 3 µl des Ligationsansatzes gemischt. Nach 30-minütiger Inkubation auf Eis wurden durch einen Hitzeschock (35 Sekunden bei 42 °C) die Vektoren in die kompetenten Zellen transformiert. Die transformierten Zellen wurden unter der Reinluftwerkbank mit 250 µl S.O.C.-Medium (Invitrogen, Karlsruhe) versehen und für eine Stunde bei 180 rpm und 37 °C inkubiert. Kanamycinhaltige (50 µg/ml) LB-Platten wurden mit 45 µl X-gal (40 mg/ml) versetzt und mit den transformierten Zellen inokuliert. Die Inkubation erfolgte über Nacht bei 37 °C im Wärmeschrank. Positive Kolonien konnten durch Blau/Weiß-Selektion für den Ansatz von Übernachtkulturen bestimmt und verwendet werden. Die transformierten *E. coli* Kulturen wurden mittels steriler Zahnstocher in Glasröhrchen mit 3 ml LB-Medium und entsprechender Zugabe von Antibiotikum (Kanamycin: 50 µg/ml) überführt. Erfolgte die Plasmidpräparation nach dem MagAttract 96 Protokoll (Qiagen, Hilden) unter Verwendung des BioRobot 8000 (Qiagen, Hilden), mussten die Flüssigkulturen in 96er Kulturplatten mit 1,8 ml LB-Medium angezogen werden. Die Kulturplatten wurden mit einer luftdurchlässigen, aber feuchtigkeitsabweisenden Folie (AirPore, Qiagen) abgedeckt. Die Flüssigkulturen wurden bei 180 rpm in einem 4400 Innova Schüttelinkubator (New Brunswick Scientific, Nürtlingen) bei 37 °C für 22 Stunden angezogen.

4.4.10 Plasmidpräparation
Plasmide aus *E. coli* wurden mit Hilfe des NucleoSpin Plasmid Kit (Macherey und Nagel, Düren) entsprechend den Angaben des Herstellers isoliert. Zur Eluierung der DNA von der Säule wurde der Elutionspuffer im Verhältnis 1:2 mit H_2O verdünnt. Die in 96er Kulturplatten angezogenen Übernachtkulturen wurden nach der Inkubationszeit bei 2032 *g für 6 Minuten zentrifugiert (Centrifuge 5803 R, Eppendorf, Hamburg), der Überstand abgegossen, die Platte auf Zelltuch abgetropft und das Bakterienpellet in der Platte eingefroren. Die MagAttract 96

Material und Methoden

Minipräperationstechnik ermöglicht es, Plasmid DNA direkt aus dem Rohlysat zu reinigen. Nach der Zugabe von MagAttract Lösungen und Anwendung der richtigen Puffer bindet Plasmid DNA selektiv an der Oberfläche von magnetischen Silikatkugeln, während genomische DNA im Rückstand verbleibt. Die Präparation nach dem MagAttract Protokoll unter Verwendung der BioRobot 8000 Arbeitsplattform erfolgte nach den Angaben des Herstellers und wurde im Institut für Klinische Molekularbiologie (IKMB) des Universitätsklinikums Schleswig-Holstein, Kiel durchgeführt.

4.4.11 Restriktion von DNA

Zur sequenzspezifischen Spaltung von doppelsträngiger DNA wurde die Typ II Restriktionsendonuklease *Eco*RI (MBI Fermentas) nach Angaben des Herstellers eingesetzt. Eine Unit eines Restriktionsenzyms wurde für die Spaltung von 1 µg DNA in einer Stunde und in 10 µl Gesamtvolumen verwendet. Eine erfolgreiche Insertion des PCR-Produkts in den Vektor konnte anhand der Banden im Agarosegel überprüft werden.

4.4.12 Sequenzierung

Die Sequenzierung der amplifizierten Zielgene (16S rDNA, *luxA*, *hypD*, *hoxH* und *hoxG*) in den Plasmiden wurden im IKMB (Kiel) nach der Kettenabbruchmethode (Sanger et al., 1977) an einem ABI 3730 Plattensequenzierer mit einem 96 Kapillarenkopf durchgeführt. 100 - 300 ng des Plasmids wurden hierzu benötigt. Alle Sequenzreaktionen wurden mit dem M13 Forward Primer (1 µl/Ansatz) versehen. In Abbildung 4.2 ist ein Ausschnitt der Vektorkarte des pCR 2.1-TOPO dargestellt.

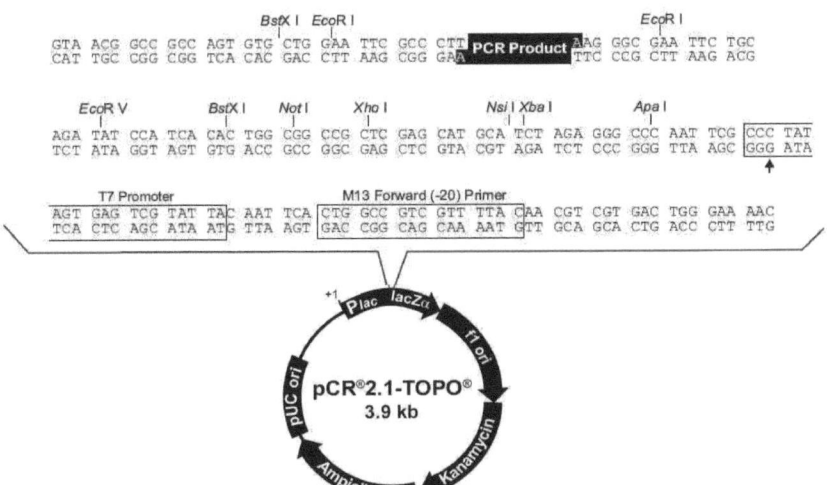

Abb. 4.2: pCR 2.1-TOPO Vektor inklusive der Bindestelle für den Primer M13 Forward. Consensus-Sequenzen der Restriktionsendonukleasen sind gekennzeichnet.

Material und Methoden

4.4.13 Terminale Restriktions Längen Polymorphismen

Die Terminale Restriktions Längen Polymorphismen (T-RFLP) ist eine molekularbiologische Technik, um Lebensgemeinschaften in ihrer Zusammensetzung anhand von fluoreszenzmarkierten Restriktionsfragmenten zu erfassen. Die Methode beruht auf dem Verdau einer 16S rDNA PCR aus Umweltproben mit einem oder mehreren Restriktionsenzymen und der Detektion individueller terminaler Fragmente durch Sanger-Sequenzierung (Kettenabbruch). Die Amplifizierung der 16S rDNA erfolgte direkt mit der genomischen DNA der Umweltprobe unter Verwendung von 5' endmarkierten Fluoreszenzprimern (FAM/JOE). Die Sequenzen der Oligonukleotide sind in der Tabelle 4.4 wiedergegeben und entsprechen in ihrer Sequenz den Standard 16S Primern für Bakterien und Archaea (Lane, 1991; DeLong, 1992).

Tab. 4.4: 5'endmarkierte Fluoreszenzprimer für prokaryotische 16S rDNA

Primer	Sequenz (5'- 3')
Eubac27F-FAM	AGAGTTTGATCCTGGCTCAG
Univ1492R-JOE	GGTTACCTTGTTACGACTT
Arch21F-FAM	TTCCGGTTGATCCYGCCGGA
Arch958-JOE	YCCGGCGTTGAMTCCAATT

Das Gemisch der erhaltenen Amplikons wurde mit der Typ II Restriktionsendonuklease *Hha*I in 10* Tango-Puffer (Fermentas, St. Leon-Roth) für acht Stunden bei 37 °C in einem Thermocycler geschnitten. Nach dem Verdau erfolgte die Aufreinigung durch Zugabe von Linear Polyacrylamid (LPA), 100 % Isopropanol und eiskaltem 70%igem (v/v) Isopropanol (Moeseneder et al., 2001). Anschließend wurde sequenziert. Die Längen der terminalen Fragmente wurden über das Fluoreszenzsignal ermittelt. Der Signalschwellenwert wurde mit 50 RFU (relative fluorescence units) festgelegt. Als interner DNA-Marker wurde GeneTracer 1000 (5-ROX) benutzt (Tab. 4.5).

Tab. 4.5: Fluoreszenz-Farbstoffe

Fluoreszenz-Farbstoff	Anregungsmaximum	Emissionsmaximum
5-FAM	492 nm	518 nm
6-JOE	520 nm	548 nm
5-ROX	578 nm, 604 nm	604 nm

Da nur die geschnittenen Amplikons der Gesamtprobe analysiert werden, kann man die unmarkierten Fragmente ignorieren. Die Verwendung von LPA bei der Aufreinigung gewährleistet auch die Ausfällung sehr kleiner DNA-Fragmente, sodass eine Unterschätzung der Konzentration der kleinen DNA-Fragmente vermieden wurde. Die T-RFLP-Analyse wurde während eines Aufenthalts am Royal Netherlands Institute for Sea Research (NIOZ) auf Texel in der Arbeitsgruppe von Prof. Dr. Herndl durchgeführt.

Material und Methoden

4.4.14 Catalyzed Reporter Deposition Fluorescence In Situ Hybridisation

Um die Zusammensetzung der Wasserproben auf Bakterien und Archaea zu untersuchen, wurde die Methode CARD-FISH (Catalyzed Reporter Deposition Fluorescence In Situ Hybridisation) angewendet (Amann et al., 1992, Pernthaler et al., 2002). CARD-FISH ist eine Nukleinsäure-Nachweistechnik zur gezielten Detektion und Analyse spezifischer RNA-Sequenzen. Durch diese Methode ist eine Quantifizierung von Mikroorganismen möglich (Amann et al., 1995). In dieser Arbeit wurden als Sonden HRP-markierte Oligonukleotide (engl. horseradish peroxidase) verwendet, die spezifisch 16S rRNA von Archaea bzw. von Bakterien binden. Im Vergleich zu rein fluoreszenzmarkierten Sonden findet durch die HRP-markierten Sonden eine Signalamplifikation statt. Dies ermöglicht die Detektion kleiner und langsam wachsender Mikroorganismen, die eine geringere 16S rRNA-Konzentration aufweisen als größere und schnell wachsende Organismen (Morita, 1998). Die Peroxidase katalysiert die Radikalisierung des fluoreszenzmarkierten Tyramids, wobei Wasserstoffperoxid als Elektronendonor fungiert (Abb. 4.3). Die entstehenden, kurzlebigen Tyramidradikale binden kovalent an Tyrosinreste eines Proteins (Ribosom) und emittieren auf Anregung Licht bei den charakteristischen Wellenlängen der verwendeten Fluoreszenzfarbstoffe (Tab. 4.6). Die spezifischen Emissionsmaxima werden mittels Epifluoreszenzmikroskopie detektiert.

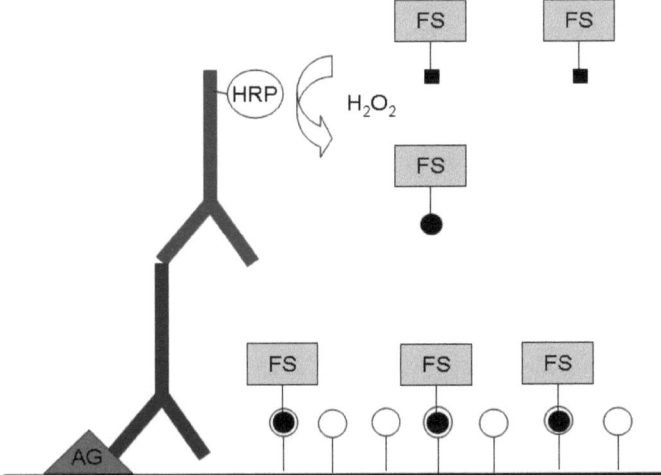

Abb. 4.3: Schematische Darstellung der Tyramid-Signal-Verstärkung. Zuerst bindet die Sonde (blau) an der 16S rRNA (AG: Antigen). Daraufhin wird mit einem zweiten Antikörper die Horseradish-Peroxidase (HRP) an die Sonde gebunden (rot). Das Farbstoff-Tyramid Derivat (FS) wird durch die Enzymaktivität radikalisiert und bindet kovalent mit nukleophilen Aminosäureresten (weiße Kreise) in der unmittelbaren Nachbarschaft der rRNA (Ribosom).

Material und Methoden

Die CARD-FISH-Analyse wurde nach dem Protokoll für Bakterien und Archaea von Teira et al. (2004) durchgeführt. 30 ml der Wasserproben wurden durch eine 0,22 µm Porenweite Polycarbonat Nuclepore (Whatman) Filtermembran mit einem Niedrigvakuum (max. -180 mbar) filtriert und bei -20 °C eingefroren. Unmittelbar vor der Analyse wurde jeder Filter unter einer Reinluftbank aufgetaut und mit 3 ml in 1 x PBS (0,02 M NaH_2PO_4, 0,1 M Na_2HPO_4, 1,3 M NaCl) gepuffertem (~pH 7,5) 1,5 % (v/v) Formaldehyd und 0,5 % (v/v) Glutaraldehyd (beides sterilfiltriert) für 60 Minuten fixiert. Nach der Fixierung wurde mit deionisiertem und sterilfiltriertem (0,2 µm) Wasser unter Anbringung eines Niedrigvakuums gespült. Alle benutzten wässrigen Puffer wurden sterilfiltriert. Die folgende Einbettung der Proben in Agarose, die Permeabilisierung sowie Hybridisierung und Amplifizierung erfolgten nach Teira et al. (2004). Die verwendeten 16S rRNA-Sonden sind in Tabelle 4.6 aufgelistet.

Tab. 4.6: 16S rRNA-Sonden

Sonde	Sequenz (5' – 3')
EUB 338 I	GCTGCCTCCCGTAGGAGT
EUB 338 II	GCAGCCACCCGTAGGTGT
EUB 338 III	GCTGCCACCCGTAGGTGT
Arch 915	GTGCTCCCCCGCCAATTCCT

Die Horseradish-Peroxidase gelabelten Oligonukleotid-Sonden wurden in Wasser aufgenommen und ihre Konzentration am NanoDrop ND1000 (Thermo Fisher Scientific, Schwerte) auf 50 ng/µl eingestellt. Fertig präparierte Filter wurden bei -20 °C aufbewahrt. Die Aufbereitung der Proben erfolgte am NIOZ (Niederlande) und an der Christian-Albrechts-Universität Kiel (CAU) am Botanischen Institut. Die mikroskopischen Arbeiten wurden am FTZ und im Botanischen Institut der CAU ausgeführt. Es wurden Zeiss (Jena) Axiovert Epifluoreszenz-Mikroskope mit UV-Quelle verwendet. Die visuelle Erfassung der Zellen erfolgte durch Auszählen von 20 Sichtfeldern pro Filter und Färbung. Die Zählung der sondenmarkierten Zellen erfolgte gegen DAPI. Mit DAPI gefärbte Zellen wurden als 100 % gewertet. Die Archaea und die Bakterien konnten dann prozentual auf die DAPI-Zählung bezogen werden. Die für die Farbstoffe charakteristischen Emissionen sind in Tabelle 4.7 wiedergegeben.

Tab. 4.7: Fluoreszenz-Farbstoffe der CARD-FISH Analyse

Fluoreszenz-Farbstoff	Anregung	Emission
Alexa 555	553 nm	568 nm
Fluorescein	495 nm	517 nm
DAPI	358 nm	463 nm

Material und Methoden

4.5 Methoden der Statistik und Bioinformatik

Für die erhobenen Datensätze wurden die Mittelwerte, Standardabweichungen und Signifikanzen mit den Statistikfunktionen der Computer-Software SigmaPlot 11.0 und SPSS 14.0 ermittelt.

Bei dem Vergleich von zwei Gruppen (z. B. ob die Temperatur im Epipelagial höher ist als im Bathypelagial) wurde der t-Test für gepaarte Stichproben verwendet. Vor jeder Analyse wurde überprüft, ob die Grundgesamtheiten abhängig oder unabhängig voneinander sind. Bei dem Vergleich von Werten einer Tiefe, aber unterschiedlichen Stationen wurde ein t-Test angewandt. Wenn die Wahrung der Normalverteilung nicht erfüllt war, wurde ein Wilcoxon/Mann-Whitney Rang-Summen-Test durchgeführt.

Da die erhobenen Werte einzelner Datensätze nicht normal verteilt sind, wurde von einer Pearson-Korrelationsanalyse abgesehen. Eine Spearman-(Rang)-Korrelationsanalyse zeigte keine Korrelationen auf.

Zur Darstellung der Längenpolymorphismen wurden die Daten sowohl einer Quadrat-Wurzel-Transformation als auch einer „present/absent"-Transformation unterzogen und anschließend eine „Multidimensionale Skalierung" (MDS) durchgeführt. Dieses statistische Verfahren stellt Variablen in ihrer Lage zueinander als Punkte in einem zwei- oder mehrdimensionalem Raum dar. Die Distanzen zwischen Punkten in der Ebene oder im Raum geben die Ähnlichkeit von jeweils zwei Variablen wieder (Borg und Staufenbiel, 1997). Im vorliegenden Fall wurde die Darstellung in der Ebene gewählt.

Die vom IKMB erhaltenen 16S rDNA-Sequenzen wurden mit Hilfe der Software BioEdit (Ibis Bioscience, Carlsbad, CA) bearbeitet. Zuerst wurde die Vektorsequenz am Anfang jeder Sequenz entfernt. Der Beginn einer Sequenz wird durch die Basenfolge des verwendeten 16S rDNA-Primers determiniert. Des Weiteren mussten die Enden aufgrund nachlassender Qualität gekürzt werden. Hierbei wurde darauf geachtet, dass die resultierende Gesamtlänge einer Sequenz je nach Tiefe, Filter und Substrat identisch war. Für die Identifizierung der Sequenzen wurden mit dem Programm BLAST (Altschul et al., 1997) bereits annotierte Sequenzen in der NCBI und der EMBL-EBI Datenbank für Prokaryoten mit den neu generierten Sqeunzen verglichen.

Um Stammbäume konstruieren zu können, wurden 16S rDNA-Fragmente untereinander geschrieben und „sinnvoll" aneinander abgeglichen. Die Erstellung eines multiplen Sequenzalignments erfolgte mit dem Programm CLUSTALW (Thompson et al. 1994). Dieses Vorgehen ist Voraussetzung, um mit den Sequenzen in den Programmen PHYLIP 3.68 (the *PHYLogeny Inference Package*) von Felsenstein (2002) und DOTUR 1.53 (Defining Operational Taxonomic Units and Estimating Species Richness) von Schloss und Handelsman (2005) zu arbeiten. Das Programm CLUSTALW arbeitet in mehreren Schritten: Im ersten Schritt werden alle möglichen paarweisen Alignments zwischen jeweils zwei Eingabesequenzen erstellt. Basierend auf der Ähnlichkeit der einzelnen paarweisen Alignments wird dann ein sog. *guide tree* erstellt. Mit Hilfe des *guide tree* wird dann das

Material und Methoden

multiple Alignment erstellt, indem zunächst das ähnlichste Paar „aligned" wird und dann jeweils mit den nächstverwandten Sequenzen erweitert wird. Das Verfahren endet, wenn alle Sequenzen in das Multiple Sequence Alignment eingeflossen sind. Eine Fehlpaarung in dem Alignment entspricht einer Mutation. Die Lücken hingegen weisen auf eine Deletion oder eine Insertion hin. Die einander zugeordneten Sequenzfragmente sollten identisch oder möglichst ähnlich sein, weil viele gleiche oder ähnliche Sequenzfragmente in gleicher Reihenfolge auf eine evolutionäre Verwandtschaft hinweisen. Indem man für gleiche bzw. mutierte Bausteinpaarungen Punkte verteilt (z. B. +1 für zwei gleiche Bausteine an der gleichen Stelle, -3 für zwei verschiedene Bausteine, usw.), kann man eine Bewertung der Ähnlichkeit zweier Sequenzen angeben.

Basierend auf diesen Alignments werden phylogenetische Verwandtschaften ermittelt. Dafür gibt es zwei grundlegende Vorgehensweisen. Entweder man vergleicht jeden einzelnen Charakter (Aminosäure bei Proteinsequenzen oder Basen bei DNA) (charakter-orientierte Stammbaumerstellung) oder man wandelt die einzelnen Stellen in sogenannte Distanzdaten um. Dabei berechnet man die Abstände der Charaktere voneinander und erstellt daraus eine Matrix, mit der man die Sequenzen vergleichen kann (matrix-orientierte Stammbaumerstellung). Wenn man einen molekularen Stammbaum oder Rarefraction-Kurven konstruieren will und eine Distanzmethode nutzen möchte, muss man die errechneten Distanzdaten korrigieren, um Rückmutationen nicht zu ignorieren. Dies ist vor allem bei größeren evolutionären Abständen wichtig.

Für die Sequenzen zusammenhängender Variabeln (eines Alignments) muss zuerst die Verteilungsfunktion ermittelt werden. Dies geschieht mit dem Bootstrap-Programm „SeqBoot" des PHYLIP-Packets. Bootstrapping ist in der Statistik eine Methode des Resampling. Dabei werden wiederholt Statistiken auf der Grundlage lediglich einer Stichprobe berechnet. Um die genetischen Distanzen der vorliegenden Sequenzen zu ermitteln, wurde mit dem Programm DNADIST und DNAML Distanzmatrices erstellt. Für die Berechnung der Rarefractions müssen die Distanzen der Sequenzen mit dem DNADIST-Programm berechnet werden. Das DNADIST-Programm unterscheidet drei Modelle zur Berechung der Distanz. Die drei Modelle sind die von Jukes und Cantor (1969), Kimura (1980) und eine Modifikation des Kimura Modells durch Jin und Nei (1990). In dieser Arbeit wurde das modifizierte Kimura 2 Parameter (K2P) Modell von Jin und Nei verwendet. Im Gegensatz zu Jukes und Cantor berücksichtigt K2P die Tatsache, dass Transitionen (Austausch von Purinbase durch Purinbase bzw. Austausch von Pyrimidinbase durch Pyrimidinbase) wahrscheinlicher sind als Transversionen (Austausch von Purinbase zu Pyrimidinbase oder andersherum) und dass diese Substitutionen einer γ-Verteilung unterliegen. In der vorliegenden Arbeit wurde ein Transitions/Tranversions Ratio von 2 gewählt. Wie auch Jukes und Cantor nimmt K2P an, dass alle Basen in der Sequenz ungefähr gleich häufig vorkommen.

Material und Methoden

Für die Schnittmengenberechnungen wurde das SONS (Shared OTUs and Similarity) Computer Programm von Schloss und Handelsman (2006) verwendet. SONS bestimmt die Anzahl der Individuen einer OTU in jeder betrachteten Gemeinschaft. Hierauf berechnet SONS, basierend auf Collector`s Kurven, die Fraktion gemeinsamer OTU zwischen zwei Gemeinschaften.

Für die Erstellung des Stammbaums wurde das Sequenzalignment mit dem DNAML-Programm bearbeitet. Hierzu werden aus der Gesamtheit der generierten und geordneten Sequenzen (Sequenzalignment) Stichproben gewählt und daran die Kennwerte (z. B. Erwartungswerte und Standardabweichungen) der Gesamtheit geschätzt. Zur Darstellung des Stammbaums wurde das Programm „A Tree Viewer" (Zmasek et al., 2001) benutzt.

5 Ergebnisse

Das Untersuchungsgebiet liegt südwestlich der Peloponnes, Griechenland (Abb. 5.1). Den hier präsentierten Daten liegen vier Probennahmen im April/Mai und im Oktober der Jahre 2007 und 2008 zugrunde. In dieser Arbeit sind nur Daten der Stationen dargestellt, die bei jeder Ausfahrt angefahren werden konnten. Diese Stationen sind mit N1 (36°45,91'N/21°39,82'O), N2 (36°40,55'N/21°39,73'O), N4 (36°33,14'N/21°27,58'O) und N5 (36°33,62'N/21°09,41'O) gekennzeichnet. Die Daten der Station N3 (36°39,84'N/21°39,16'O) sind nicht aufgenommen worden. Die Probenstandorte wurden ausgewählt, um die Auswirkung der sich drastisch ändernden Bathymetrie auf biologische Komponenten entlang eines Transekts von der Küste zum potentiellen Installationsstandort zu untersuchen. Die Positionen N4 und N5 sind potenzielle Standorte des Tiefsee-Neutrino-Teleskops.

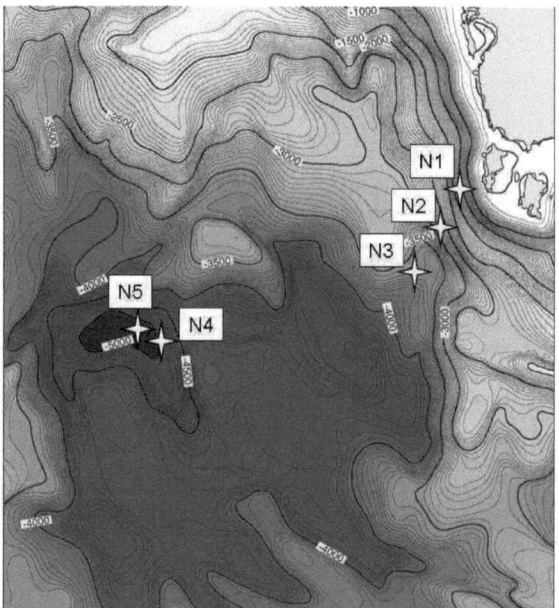

Abb. 5.1: Bathymetrische Karte des Untersuchungsgebiets in der Ionischen See. In hellgrau ist ein Teil der Peloponnes zu erkennen. Die Probennahmestellen sind mit farbigen Kreuzen markiert.

Die gewählten Probenhorizonte der einzelnen Stationen lagen bei 5 m, 100 m, 600 m, 1500 m, 2000 m, 2500 m, 3000 m, 3500 m, 4000 m, 4500 m und 5000 m. Die Station N1 ist am Schelfrand lokalisiert und die maximale Probentiefe war hier 100 m. Die maximale

Ergebnisse

Probentiefe an Station N2 betrug 2500 m. Sie liegt am Kontinentalhang. Die Station N4 weist eine maximale Tiefe von 4685 m auf. An der Stelle wurden bis in eine Tiefe von 4500 m Proben genommen. Die Station N5 ist 5189 m tief. Der maximale Tiefenhorizont war hier 5000 m. Nicht erreichte maximale Probentiefen während der Ausfahrten im Oktober 2007 und im April 2008 sind auf Schlechtwetterlagen zurückzuführen, da Rücksicht auf das Schöpfgeschirr genommen werden musste.

5.1 Temperatur, Salinität und Sauerstoffkonzentration

Die in den folgenden Abbildungen 5.2 - 5.5 wiedergegebenen Profile zur Temperatur, Salinität und Sauerstoffkonzentration basieren auf den von der CTD-Sonde aufgezeichneten Daten in Höhe der jeweiligen Probenhorizonte.

Temperatur

Die Verläufe der über die Stationen gemittelten Wassertemperaturen von 2007 und 2008 im April/Mai (rot) und Oktober (schwarz) sind in der Abb. 5.2 wiedergegeben. Die Wassertemperaturen nehmen über die Tiefe kontinuierlich bis auf 13,46 °C (± 0,01) in 5000 m ab. Bei dem Vergleich der Temperaturprofile aller vier Ausfahrten fällt auf, dass die Oberflächentemperaturen sich im Frühjahr (April/Mai) und im Herbst (Oktober) signifikant unterscheiden (gepaarter t-test: P = <0,001; P = <0,004). Im Frühjahr beträgt die durchschnittliche Oberflächentemperatur (5 m) 17,74 °C (± 1,0). Im Oktober liegt die gemittelte Wassertemperatur in 5 m Tiefe mit 22,4 °C (± 0,2) deutlich höher. Die Stationsunterschiede im Temperaturprofil während einer Kampagne sind nicht signifikant.

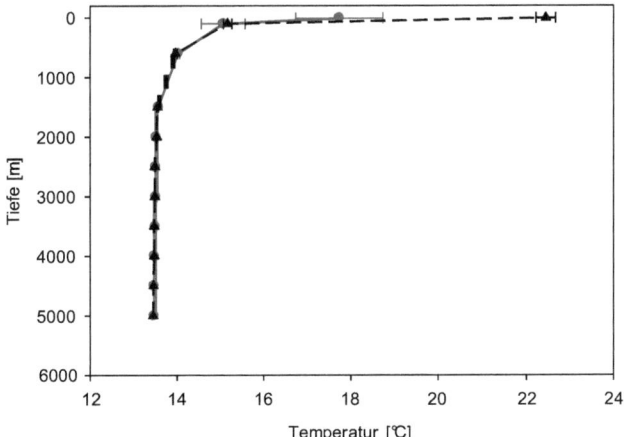

Abb. 5.2: Temperaturprofile (Mittelwerte) der Stationen N1, N2, N4 und N5 im Frühjahr (rot) und Herbst (schwarz) in den Jahren 2007 und 2008.

Ergebnisse

Die Thermokline wurde im Mai und Oktober 2007 ermittelt. Im Oktober 2007 konnte sie zwischen 60 m und 75 m gemessen werden. Im Mai liegt die Thermokline höher, zwischen 5 m und 40 m (Abb. 5.3).

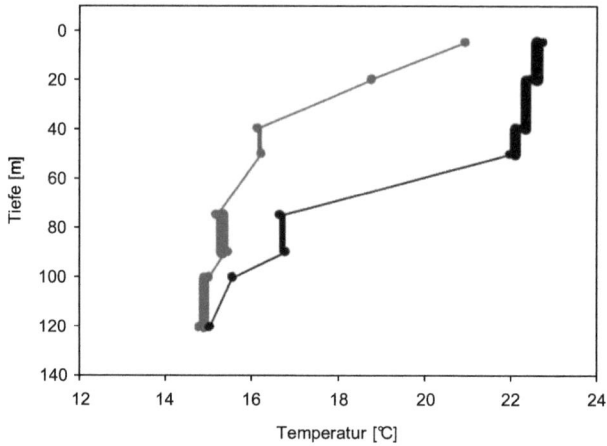

Abb. 5.3: Temperaturverläufe im Mai 2007 (rot) und Oktober 2007 (schwarz) in den oberen 120 m der Wassersäule.

Salinität

Die saisonal gemittelte Salinität der vier Stationen zeigt einen gleichen Verlauf zwischen 100 m und 5000 m (Abb. 5.4). Das Maximum liegt mit 38,83 ppt (± 0,01) in einer Tiefe von 600 m. Saisonale und stationäre Unterschiede in der Salinität existieren nur in den oberen Wasserschichten (5 m bis 100 m). Im Herbst (schwarz) ist die Salinität in 5 m Tiefe höher als in 100 m. Das Salinitätsminimum der Stationen wird bei 100 m Tiefe mit einem Durchschnittswert von 38,63 ppt (± 0,05) erreicht. Im Frühjahr (rot) steigt die Salinität von 5 m auf 100 m an. Das gemittelte Salinitätsminimum der Stationen wurde mit 38,47 ppt (± 0,1) bei 5 m gemessen. Die saisonale Variation der Salinität ist signifikant in 5 m Tiefe (P = 0,002). Eine Unterscheidung in neritische und ozeanische Regionen ist nicht erkennbar. Im Frühjahr nimmt die Salinität bis 600 m kontinuierlich zu. In der bathypelagischen Zone beträgt der Durchschnittswert der Stationen N4 und N5 38,73 ppt (± 0,15).

Ergebnisse

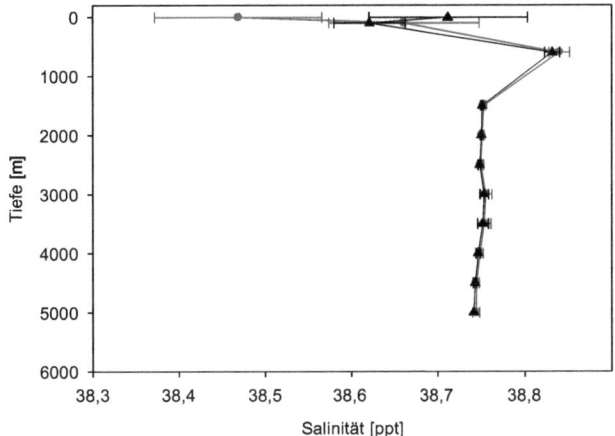

Abb. 5.4: Salinitätsprofile (Mittelwerte) der Stationen N1, N2, N4 und N5 im Frühjahr (rot) und Herbst (schwarz) in den Jahren 2007 und 2008.

Die gemessene Salinität zeigt keine saisonalen Unterschiede im Meso- und Bathypelagial. Im Bathypelagial sind die leicht höheren Salinitäten zwischen 3000 m und 3500 m charakteristisch für das Kretische Tiefenwasser (CDW). Im Epipelagial ist in beiden Jahren ein entgegengesetzter saisonaler Verlauf der Salinität zu beobachten (signifikant). Im Frühjahr wurde die geringste Salinität an der Oberfläche (5 m) gemessen. Im Herbst liegt die niedrigste Salinität bei 100 m Tiefe. Dieser Wechsel wird durch die jahreszeitliche Tiefenänderung des AIS verursacht (Einleitung 3.1), welcher weniger salines Wasser vom Atlantik bis in das östliche Mittelmeer transportiert. Er sinkt, bedingt durch Evaporation im Sommer, auf Tiefen um 100 m. Im Oktober befindet sich das stark salzige LSW an der Oberfläche, da es aufgrund hoher Temperaturen (Abb. 5.2) eine geringere Dichte besitzt als das Wassers des AIS. Das ganzjährige Salinitätsmaximum in 600 m Tiefe ist durch die Lage des LIW begründet.

Sauerstoff

Daten zur Sauerstoffkonzentration im Mai 2007 und April 2008 wurden nicht aufgenommen, da keine Kalibrierung der Sauerstoffelektrode erfolgt war. Die Sauerstoffmessungen zeigen für Oktober 2007 und Oktober 2008 sehr ähnlich verlaufende Tiefenprofile (Abb. 5.5). Das Sauerstoffmaximum liegt in diesen Monaten bei 100 m. Es beträgt im Mittel 5,1 ml/l (± 0,17). Das Minimum befindet sich auf 1500 m (4,3 ml/l; ± 0,04). Ab 1500 m nimmt die Sauerstoffkonzentration mit der Tiefe wieder zu. Die stationären Oberflächenkonzentrationen unterscheiden sich in beiden Jahren nicht signifikant (gepaarter t-Test; P = 0,891). Eine Unterscheidung in neritische und ozeanische Regionen ist nicht erkennbar.

Ergebnisse

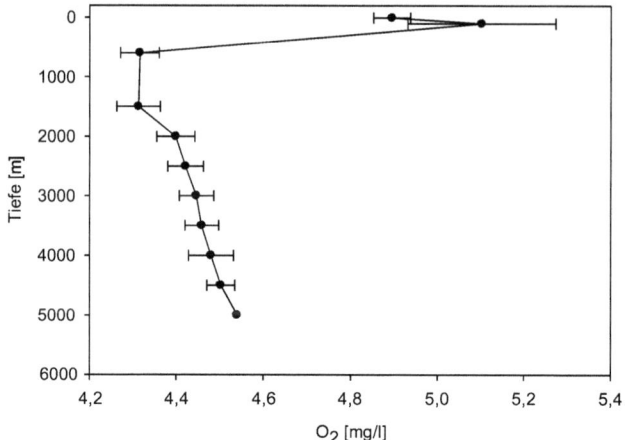

Abb. 5.5: Sauerstoffprofil (Mittelwerte) der Stationen N1, N2, N4 und N5 im Herbst in den Jahren 2007 und 2008.

Die gemessenen abiotischen Parameter zeigen in dem Untersuchungszeitraum keine signifikanten Änderungen im Meso- und Bathypelagial. Die Temperatur weist im Epipelagial saisonale Variationen, mit im Oktober höheren Werten (22 °C) als im Frühjahr (17 °C), auf. Die Salinität im Epipelagial verändert sich im Jahresverlauf, was dazu führt, dass der AIS unterschiedliche Tiefen einnimmt.

5.2 Nährstoffdaten

Im Folgenden sind die Ergebnisse der Nährstoffanalytik (Nitrat, Phosphat, gelöster anorganischer Stickstoff und Ammonium), der Kohlenstoff/Stickstoff (C/N)-Analyse und der Chlorophyll a-Bestimmung aufgeführt.

5.2.1 Nitrat

Die ermittelten Nitratwerte zeigen in allen Messreihen einen ähnlichen Verlauf über die Tiefe. Jedoch ist eine Unterscheidung in neritische und ozeanische Gebiete zu erkennen. Aus diesem Grund wurden diese unterscheidbaren Regionen gemittelt und gegeneinander abgebildet. Die Konzentrationen der neritischen Stationen N1/N2 (rot) und der ozeanischen Stationen N4/N5 (schwarz) aller vier Ausfahrten sind in Abbildung 5.6 dargestellt. Die Nitratkonzentrationen sind bei den ozeanischen Stationen an der Oberfläche zu allen Probenzeitpunkten sehr gering (Ø = 0,52 µmol/l; ± 0,26). Teilweise sind sie nicht detektierbar. Der Unterschied der Nitratkonzentration zwischen den neritischen Stationen und den „off-shore" Stationen ist in 5 m Tiefe signifikant (P = 0,007). Die Konzentrationen in 100 m unterscheiden sich nicht signifikant. Die Nitratkonzentrationen nehmen bis 600 m zu. In tieferen Zonen liegen die Konzentrationen bei 4,2 µmol/l (± 0,18).

Ergebnisse

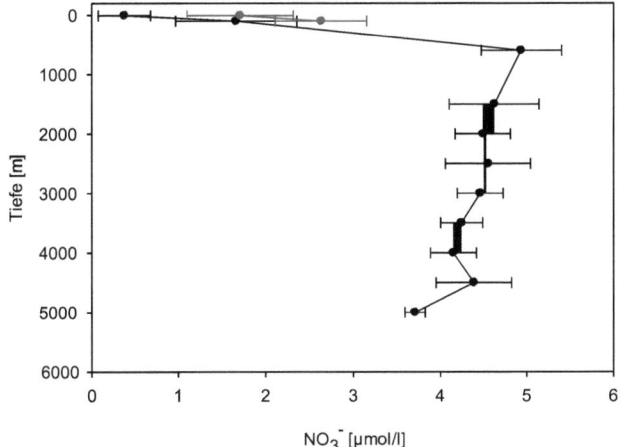

Abb. 5.6: Nitratprofile (Mittelwerte) der Stationen N1 und N2 (rot), N4 und N5 (schwarz) der Jahre 2007 und 2008.

5.2.2 Ammonium

Daten zur Ammoniumkonzentration liegen nur für die Probennahmen im Oktober beider Jahre vor (Abb. 5.7). Die Werte sind im Oberflächenwasser deutlich höher (Ø = 0,67 µmol/l, ± 0,03) als in Tiefen größer als 600 m (Ø = 0,21 µmol/l, ± 0,07). Die Abweichung ist signifikant (P = <0,001; gepaarter t-Test).

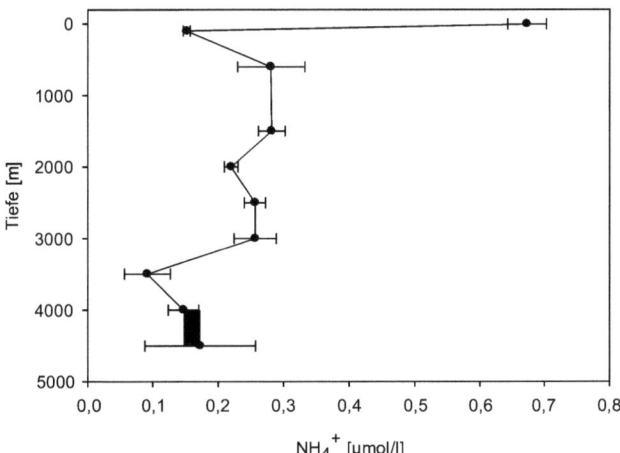

Abb. 5.7: Durchschnittliche Ammoniumkonzentrationen der Stationen N1, N2, N4 und N5 im Herbst der Jahre 2007 und 2008.

5.2.3 Gelöster anorganischer Stickstoff

Der gelöste anorganische Stickstoff (DIN) setzt sich normalerweise aus den Komponenten Ammonium (NH_4^+), Nitrit (NO_2^-) und Nitrat (NO_3^-) zusammen.
Die Konzentration des gelösten anorganischen Stickstoffs ist in dem Untersuchungsgebiet maßgeblich von der Konzentration des Nitrats bestimmt. Ammonium ist kaum vorhanden und Nitrit ist, wenn überhaupt, nur in geringer Konzentration nachweisbar.

5.2.4 Phosphat

Die Phosphatkonzentrationen sind in dem Seegebiet gering. In Abbildung 5.8 sind die gemittelten Konzentrationen von 2007 und 2008 der ozeanischen Stationen (schwarz) im Frühjahr und Herbst, der neritischen Stationen N1/N2 im Frühjahr (rot) und im Oktober (grün) wiedergegeben. An den ozeanischen Stationen sind die Konzentrationen an der Oberfläche deutlich geringer als in der Tiefsee. Die Zunahme der Konzentration findet zwischen 100 m und 600 m statt.

Während der beiden Frühjahresausfahrten liegt die gemittelte Oberflächenkonzentration der neritischen Stationen bei 0,14 µmol/l (± 0,02). Diese ist signifikant höher als die der ozeanischen Stationen (P = <0,001). Die Konzentrationen in 5 m Tiefe der ozeanischen Stationen liegen bei 0,07 µmol/l (± 0,02). Im Herbst weisen die neritischen Stationen keine signifikanten Unterschiede zu den ozeanischen Stationen auf. Im Mesopelagial und Bathypelagial wurden durchschnittlich Konzentrationen um 0,20 µmol/l (± 0,02) gemessen.

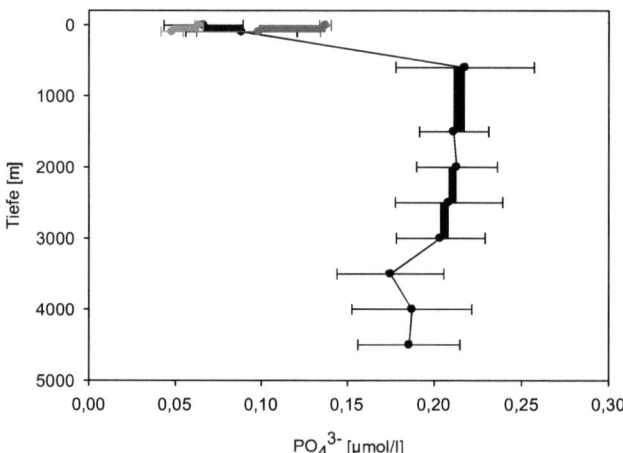

Abb. 5.8: Phosphatprofile (Mittelwerte) der Stationen N1/N2 im Frühjahr (rot), im Herbst (grün) und der ozeanischen Stationen N4/N5 (schwarz) der Jahre 2007 und 2008.

5.3 Chlorophyll a

Die Konzentration von Chlorophyll a wurde im Oktober 2007 für vier Stationen bestimmt (Abb. 5.9). An den Stationen N4 und N5 wurden bis in Tiefen von über 4000 m Proben zur Bestimmung der Chlorophyllkonzentrationen genommen, jedoch war Chlorophyll a in Tiefen größer als 600 m nicht nachweisbar. Für die Stationen N4 und N5 wurden auf 600 m noch Werte von 0,0011 µg/l und 0,0007 µg/l gemessen (Werte nicht abgebildet). Das Deep Chlorophyll Maximum (DCM) liegt an den küstennahen Stationen N1 und N2 bei 80 m (rot) und an den küstenfernen Stationen N4 und N5 (schwarz) bei 100 m. In Tiefen des DCM weisen die ozeanische Stationen im Mittel 0,25 µg/l (± 0,04) Chlorophyll a auf. Bei den neritischen Stationen wurde im DCM eine mittlere Konzentration des Chlorophyll a von 0,13 µg/l (± 0,04) gemessen. Das DCM liegt in der gleichen Tiefe wie das Sauerstoffmaximum im Oktober 2007/2008 (Abb. 5.5) und die Zone der höchsten Phosphatzehrung im Oktober 2007/2008 (Abb. 5.8). Dieser Zusammenhang begründet sich physiologisch. In Schichten hoher Chlorophyll a-Konzentration wird durch photosynthetische Primärproduzenten Sauerstoff gebildet und gleichzeitig Phosphat metabolisiert.

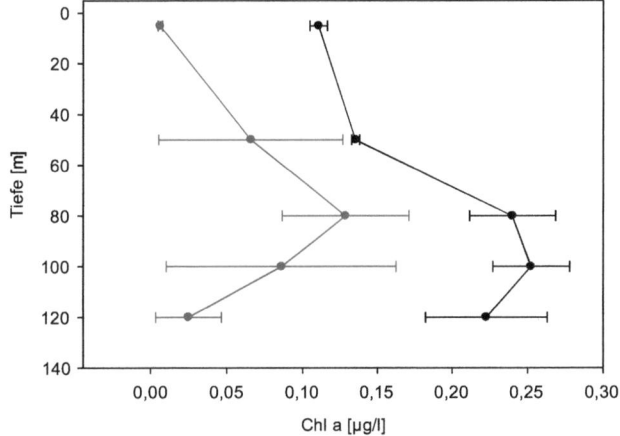

Abb. 5.9: Mittlere Chlorophyll a-Konzentrationen der Stationen N1/N2 (rot) und N4/N5 (schwarz) im Oktober 2007.

5.4 C/N-Analysen

Die C/N-Analysen ermöglichen die Konzentrationsbestimmungen des partikulären organischen Stickstoffs und Kohlenstoffs sowie des gelösten organischen Stickstoffs. Sie dienen somit der Bestimmung des organischen Materials in der Wassersäule.

Ergebnisse

5.4.1 Partikulärer organischer Stickstoff

Die Konzentrationen des partikulären organischen Stickstoffs (PON) sind für das Jahr 2008 in Abbildung 5.10 dargestellt. Die PON-Konzentrationen im Frühjahr (rot) zeigen eine kontinuierliche Abnahme. Die Durchschnittskonzentration im Epipelagial beträgt 0,35 µmol/l (± 0,16). Im Bathypelagial wurden durchschnittlich 0,08 µmol/l (± 0,01) gemessen. Im Oktober 2008 zeigen die Konzentrationsprofile von PON eine Abnahme von 0,52 µmol/l (± 0,08) bei 5 m auf 0,1 µmol/l (± 0,03) im Bathypelagial. Die Abnahme des PON vom Epipelagial zum Bathypelagial ist sowohl im Frühjahr als auch im Herbst signifikant (P = <0,001). Die Konzentrationen im Bathypelagial zeigen keine signifikante saisonale Variation. Eine Unterscheidung in neritische und ozeanische Regionen ist nicht erkennbar.

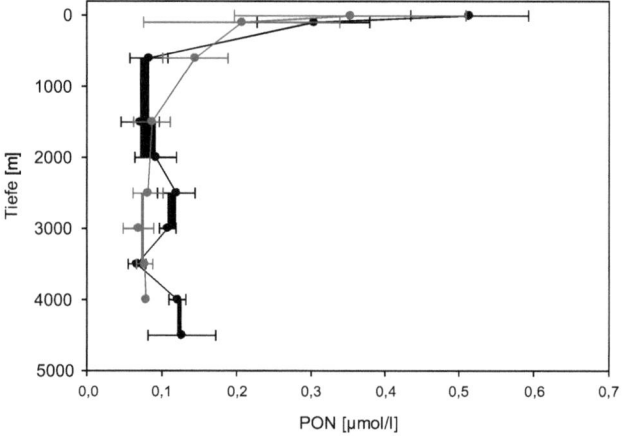

Abb. 5.10: Profile des partikulären organischen Stickstoffs (Mittelwerte) der Stationen N1, N2, N4 und N5 im Frühjahr (rot) und Herbst (schwarz) des Jahres 2008.

5.4.2 Partikulärer organischer Kohlenstoff

Die Konzentrationsprofile der mittleren Konzentrationen des partikulären organischen Kohlenstoffs (POC) der Stationen N1/N2 (rot) und N4/N5 (schwarz) im Frühjahr und Herbst 2008 sind in Abbildung 5.11 zu sehen. Die ozeanischen Stationen weisen an der Oberfläche 3,48 µmol/l (± 1,08) auf, während die neritischen Stationen 5,0 µmol/l (± 0,52) aufweisen. Im Frühjahr ist die Konzentration des POC an der Station N1 signifikant höher als für die ozeanischen Stationen (P = 0,006). Im Herbst ist diese Variation nicht signifikant. Die Konzentrationen der ozeanischen Stationen sinken von durchschnittlich 3,48 µmol/l (± 1,34) an der Oberfläche (5 m) auf 1,35 µmol/l (± 0,33) im Bathypelagial. Die Oberflächenkonzentrationen sind signifikant höher als die Konzentrationen im Bathypelagial (P = <0,001). Eine Unterscheidung in neritische und ozeanische Regionen ist erkennbar.

Ergebnisse

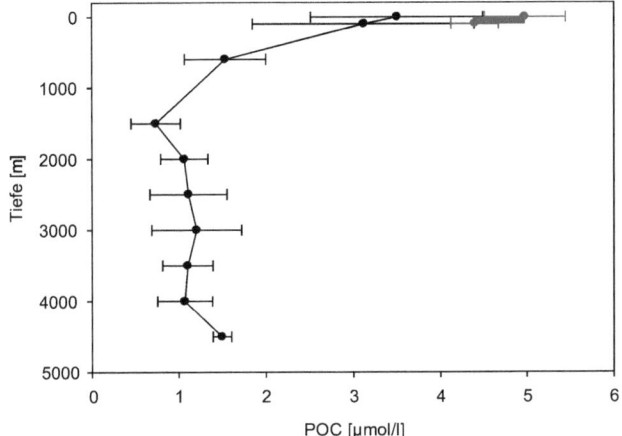

Abb. 5.11: Profile des partikulären organischen Kohlenstoffs (Mittelwerte) der Stationen N1/N2 (rot) und N4/N5 (schwarz) im Frühjahr und Herbst 2008.

5.4.3 Gelöster Organischer Stickstoff

Der gelöste organische Stickstoff (DON) wird durch Subtraktion der Konzentrationen des gelösten anorganischen Stickstoffs (DIN) und des partikulären organischen Stickstoffs (PON) von der gelösten organischen Gesamtstickstoffkonzentration erhalten (Abb. 5.12). Für April 2008 liegen nur Daten von Station N4 und N5 vor. Im Epipelagial beträgt die mittlere Konzentration 2,1 µmol/l (± 0,1). An beiden Stationen nimmt die Konzentration des gelösten organischen Stickstoffs bis 3000 m ab. Die Konzentrationen des Bathypelagials sind gering (Ø = 0,42 µmol/l ± 0,2). Im Oktober 2008 sinkt in Tiefen des Bathypelagials die durchschnittliche Konzentration des DON von 2,14 µmol/l auf 0,31 µmol/l (± 0,11). Das Konzentrationsmaximum liegt bei beiden Datenreihen in 5 m Tiefe. Die gemessenen Konzentrationen des gelösten organischen Stickstoffs unterscheiden sich zwischen den Stationen nicht signifikant.

Die epipelagialen Konzentrationen des DON liegen zu allen Probennahmen signifikant höher als im Bathypelagial ($P = <0,001$). Im jahreszeitlichen Vergleich unterscheiden sich die Konzentrationen des DON nicht signifikant. Nur in 100 m Tiefe sind die DON-Konzentrationen im Frühjahr signifikant höher als im Herbst.

Ergebnisse

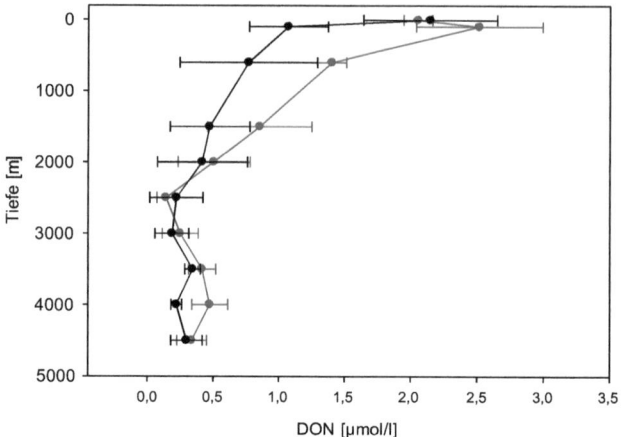

Abb. 5.12: Konzentrationen (Mittelwerte) des gelösten organischen Stickstoffs der Stationen N1, N2, N4 und N5 im Frühjahr 2008 (rot) und Herbst 2007 (schwarz).

5.4.4 Zusammenfassung der Nährstoffergebnisse

Die Oberflächenwassertemperatur zeigt eine saisonale Abhängigkeit mit höheren Temperaturen im Oktober. Die Temperaturen im Bathypelagial bleiben dagegen ganzjährig stabil. Die Salinität zeigt im Epipelagial saisonale Unterschiede. Im Frühjahr befindet sich das Minimum an der Oberfläche und im Herbst in 100 m Tiefe. Die Salinitätsänderung wird durch den Atlantischen Ionischen Strom (AIS), der eine jahreszeitliche Variation zeigt, verursacht. Das Frühjahr weist noch den charakteristisch winterlichen Verlauf des AIS auf. Der Oktober hingegen repräsentiert den sommerlichen Verlauf. Das Sauerstoffmaximum liegt mit dem DCM zusammen auf 100 m Tiefe.

Das östliche Mittelmeer ist ein extrem oligotrophes Gewässer. Besonders Phosphat und Nitrat sind an der Oberfläche kaum detektierbar und auch in größeren Tiefen liegen die genannten Nährstoffe in geringen Konzentrationen vor (0,23 µmol/l und 4,5 µmol/l, entsprechend). Die Nitratkonzentration spiegelt keinen saisonalen Rhythmus wider. Eine Unterscheidung in eine neritische Zone, mit höheren Nitratwerten, und einer „off-shore" Zone mit geringeren Konzentrationen wird deutlich. Die Ammoniumkonzentration nimmt über die Tiefe ab. Im Epipelagial ist die Phosphatkonzentration im Frühjahr höher als im Oktober. In dieser Zeit sind die Konzentrationen der neritischen Stationen signifikant höher als die der „off-shore" Stationen. Dieser terrestrische Einfluss ist im Oktober nicht zu erkennen. Die Konzentration des partikulären organischen Stickstoffs nimmt sowohl im Frühjahr als auch im Herbst über die Tiefe signifikant ab. Die Konzentration des partikulären organischen Kohlenstoffs nimmt über die Tiefe ab. Die POC-Profile zeigen keine saisonalen Unterschiede. Jedoch ist eine

Ergebnisse

Unterscheidung in neritische und ozeanische Regionen erkennbar. Der gelöste organische Stickstoff nimmt im Frühjahr und im Herbst über die Tiefe ab. Generell konnten im Epipelagial signifikant höhere Konzentrationen gemessen werden als im Bathypelagial. Die DON-Konzentration nimmt mit zunehmender Tiefe ebenfalls signifikant ab.

Die ermittelten Konzentrationen der Nährstoffe und des partikulären/gelösten Materials kennzeichnen den Untersuchungssstandort als extrem oligotroph.

5.5 Raster-Elektronenmikroskopische Aufnahmen der Filtermembrane

In der Arbeit sollten Partikel und freilebende Bakterien fraktioniert werden. Um geeignete Porengrößen für die Filtration zu bestimmen, wurden zunächst Proben unfraktioniert auf vorkommende Partikelgrößen mit Hilfe der Raster-Elektronenmikroskopie (REM) untersucht. Die mit dem REM aufgenommen Bilder sind in den Abbildung 5.13 bis 5.15 gezeigt. Die Größe der gefundenen Partikel liegt zwischen 10 bis 45 µm. Aus diesem Grund wurden während der folgenden Probennahmen Vorfilter der Porengröße 5 µm verwendet.

Die Partikel bestehen z. B. aus Detritus, Fäzes und Protisten, von denen oft nur noch die Schalen vorhanden sind (Abb. 5.13A). Neben relativ stabilen Partikeln kommen auch fragile Partikel vor (Abb. 5.13B), die von Exopolymeren zusammengehalten werden und bei Kontakt mit dem Filter auseinanderfallen. Auffällig ist, dass in dieser Arbeit solche fragilen Partikel überwiegend in 5 m Tiefe gefunden wurden.

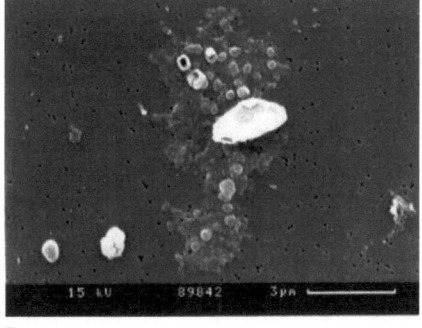

A   B

Abb. 5.13: REM-Aufnahmen von verschiedenen Partikeln. A) Filter mit 0,2 µm Porenweite, Probentiefe 1500 m. B) Filter mit 0,2 µm Porenweite, Probentiefe 5 m. Proben wurden nicht vorfiltriert. Probennahme Mai 2007.

Mit Hilfe der REM-Aufnahmen der Vorfilter sollte die Struktur- und Größenänderung der Partikel über das gesamte Tiefenprofil verfolgt werden. Es konnten nur sehr wenige Partikel auf den Filtern gefunden werden. Aus der Anzahl war es nicht möglich, eine Veränderung der Partikelgröße über die Tiefe festzustellen. In Abbildung 5.14A ist zu erkennen, dass zum Teil

Ergebnisse

zerbrochene Partikel und/oder freilebende Bakterien einige Poren des Vorfilters blockieren. Zwei mit Bakterien besiedelte Partikel sind in 5.14A und B beispielhaft dargestellt.

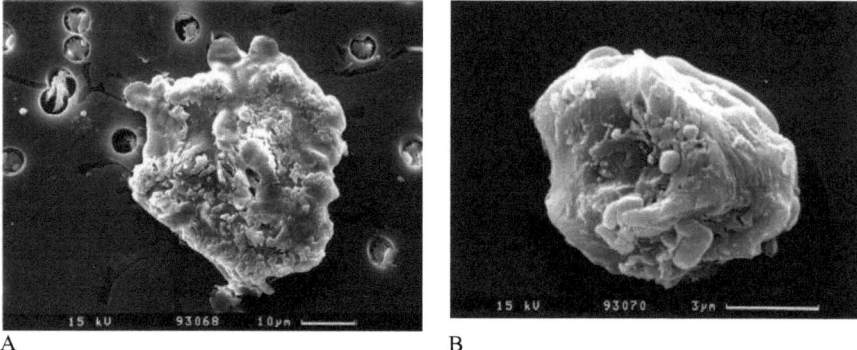

A B

Abb. 5.14: REM-Aufnahmen von verschiedenen Partikeln. A) und B) Vorfilter mit 5 µm Porenweite, Probentiefe 5 m. Probennahme Oktober 2008.

Die freilebenden Bakterien sind in den Abbildungen 5.15A/B zu sehen. Die Größe der Bakterien liegt zwischen ca. 0,5 bis 4 µm. Besonders häufig wurden kokkenförmige Bakterien mit ca. 1 - 3 µm Durchmesser gefunden (Abb. 5.15A). Allerdings findet man auch Stäbchen und Spirillen (Abb. 5.15B), deren Längen von 2 bis 4 µm variieren.

A B

Abb. 5.15: REM-Aufnahmen von Bakterien. A) Hauptfilter mit 0,2 µm Porenweite, Probentiefe 100 m. B) Hauptfilter mit 0,2 µm Porenweite, Probentiefe 1500 m.

Ergebnisse

5.6 Fluorescence activated cell sorting

Die Analysemethode des „fluorescence activated cell sorting" (FACS) wurde zur Ermittlung der Bakteriendichte und der Erkennung von Organismen, die Chlorophyll enthalten, benutzt. Die Messung der ungefilterten Proben erfolgte mit einem „Sample differential" von 0,7 bis 1,1 psi und einem Shield pressure von 12 bis 13 psi. Der Schwellenwert des Vorwärtsstreusignals („forward scatter") war auf 277 eingestellt. Die Einstellung erfolgte mit Kalibrierungskugeln der Größe 1,0 µm. Das Vorwärts- und Seitwärtsstreusignal wurde auf eine kleine Fläche fokussiert (Abb. 5.16). Diese Fokussierung der Optik wurde jeweils nach 7 - 10 Proben überprüft. Bei diesen Einstellungen konnte man sehr gut zwischen dem elektronischen Rauschen und einem realen Signal unterscheiden. Die Lösung der Kalibrierungskugeln ist nicht steril, sodass es bei dem gewählten Schwellenwert zu erhöhter Hintergrundzählung kommt.

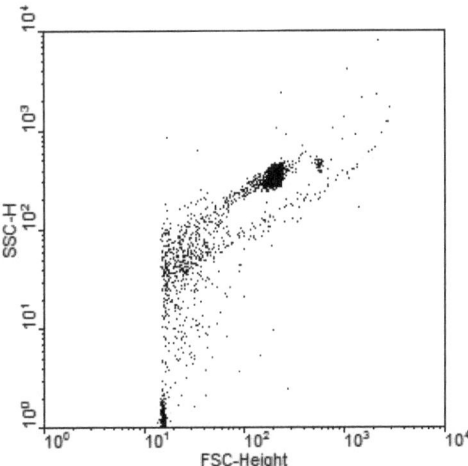

Abb. 5.16: FACS-Kalibrierung des Vorwärts- und Seitwärts-Streusignals mit Hilfe der 1 µm durchmessenden Kalibrierungskugeln (rot umkreist).

In der Abbildung 5.17A sieht man die Messung des Leerwerts (nur wenige schwarze Punkte im Messbereich) und die Markierung des Störsignals (messtechnische Auflösungsgrenze) als rote Punkte. Die Abbildung 5.17B zeigt die Messung einer ungefärbten Probe. Jeder Punkt entspricht einem Partikel. Das Probenvolumen wurde über die Bestimmung des Gewichts vor und nach der Messung ermittelt.

Ergebnisse

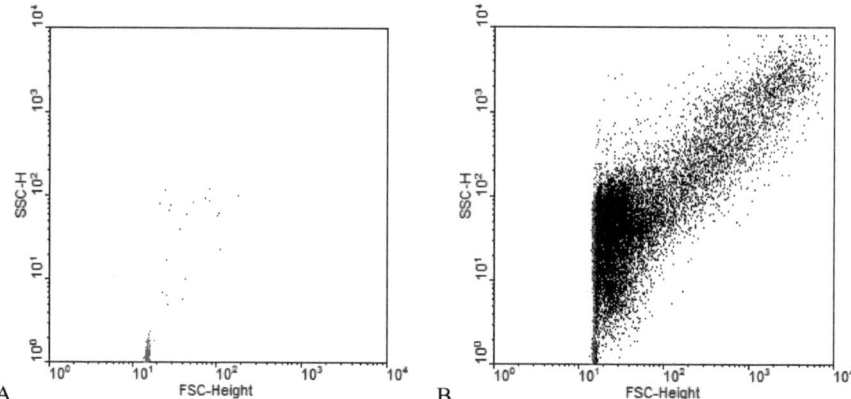

Abb. 5.17: A) FACS-Messung des „Leerwerts". Im unteren, rot markierten Teil ist die technische Messgrenze zu erkennen (hohe Ereignisdichte). Im mittleren Teil sind schwarz markiert Einzelereignisse, bedingt durch die Belastung des Analysewassers, zu sehen. Diese Ereignisse werden von den tatsächlichen Zählereignissen subtrahiert. B) Zählung ungefärbter Partikel einer Mittelmeerprobe der Station N1 aus 5 m Tiefe.

Die Probenmessungen erfolgten einerseits ungefärbt im Vorwärts- und Seitwärtsstreusignalmodus. Auf diese Weise wurde die Partikelbelastung einer Probe ermittelt. Andererseits konnten ungefärbte Proben mit der Einstellung des Rotfluoreszenzsignals gegen das Vorwärtsstreusignal auf das Vorhandensein von chlorophyllhaltigen Zellen untersucht werden. Im Rotfluoreszenzmodus kann zwischen chlorophyllhaltigen und chlorophylllosen Partikeln unterschieden werden, da die Chlorophylle a und b Autofluoreszenz zeigen. So erhält man gut unterscheidbare Punktwolken (Zellgemeinschaften). Um die Größen dieser Zellen zu bestimmen, wurde eine Messreihe mit Kalibrierungskugeln verschiedener Größe durchgeführt (0,5 µm, 1,0 µm, 2,87 µm und 5,9 µm). Mit Hilfe der Kalibrierung konnte die durchschnittliche Größe von Punktwolken oder auch einzelner Zellen abgeschätzt werden.

Bei allen Proben aus 5 m Tiefe erscheint eine grün markierte Population mit einem klar definierten Rotfluoreszenzsignal (Abb. 5.18A). Die durchschnittliche Größe dieser detektierten Zellen beträgt 0,7 µm (0,4 µm - 1,0 µm). Auf 100 m Tiefe zeigen zwei weitere voneinander unterscheidbare Populationen ein Rotfluoreszenzsignal (Abb. 5.18B). Diese blau und rosa markierten Partikel weisen einen mittleren Durchmesser von 4,0 µm (1 µm - 7 µm) auf und sind im Vorwärts- gegen Seitwärtsstreuungs-Modus nur schwer zu unterscheiden.

Ergebnisse

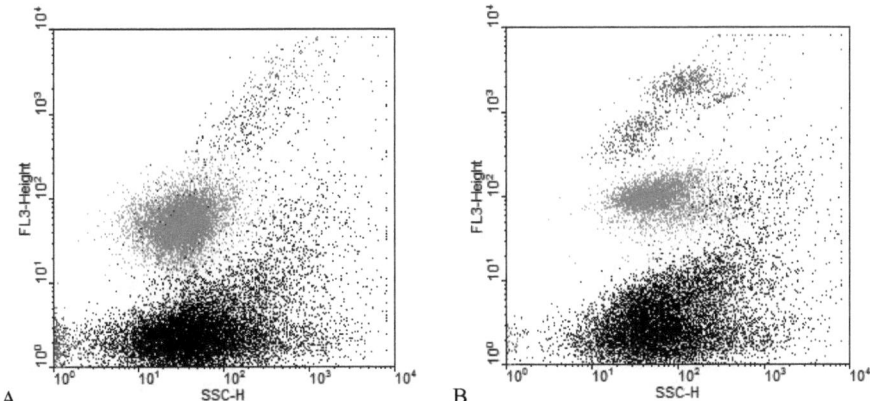

Abb. 5.18: FACS-Messungen einer Probe im Oktober 2008 der Station N4 aus 5 m (A) und aus 100 m (B) im Rotfluoreszenzmodus (FL3) gegen die Seitwärtsstreuung (SSC-H). In grünen, blauen und rosa Bereichen befinden sich deutlich abgegrenzte Populationen mit Autofluoreszenzsignal.

Die durchschnittlich 0,7 µm messenden einzelnen Zellen können Cyanobakterien (*Prochlorococcus* sp. und *Synechococcus* sp.), die größeren einzelnen Zellen Phytoplankton sein. Ihr verstärktes Vorkommen in Tiefen des DCM ist deutlich erkennbar. In der Probe aus 600 m Tiefe werden keine Populationen mit Autofluoreszenz mehr detektiert (Abb. 5.19).

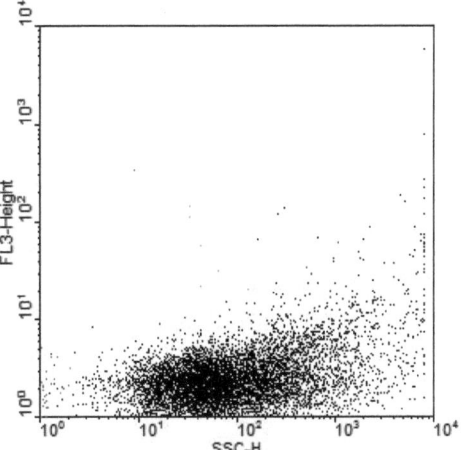

Abb. 5.19: FACS-Messung einer Probe im Oktober 2008 der Station N4 aus 600 m Tiefe im Rotfluoreszenzmodus (FL3) gegen Seitwärtsstreuung (SSC-H).

Ergebnisse

Die Messung der Zelldichte erfolgte nach Anfärben der Probe mit SYBR-Gold. SYBR-Gold färbt spezifisch doppelsträngige DNA und verleiht dieser eine Grünfluoreszenz. Im Grünfluoreszenzmodus (FL1) erkennt man eine Verstärkung des Fluoreszenzsignals (Abb. 5.20A/B). In der Abbildung 5.20A ist eine ungefärbte Probe zu sehen. Die gleiche Probe zeigt mit SYBR-Gold gefärbt (Abb. 5.20B), welcher Anteil der zu sehenden Partikel DNA enthält. Die einzelnen Ereignisse wurden gezählt und die Störsignale davon subtrahiert. Es wurden Triplikate einer Probe gezählt.

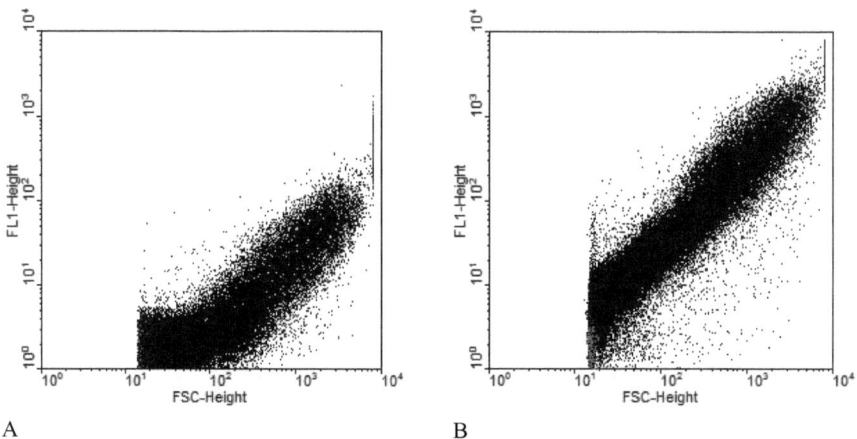

A   B

Abb. 5.20: A) FACS-Messung einer ungefärbten Probe im April 2008 der Station N1 aus der Tiefe 100 m im Grünfluoreszenzmodus. B) Dieselbe Probe, SYBR-Gold gefärbt im Grünfluoreszenzmodus. Rot: Bereich des elektronischen Störgeräuschs.

Die mit Hilfe der Flow-Cytometrie ermittelten Zellzahlen sind in der Abbildung 5.21 wiedergegeben.

Im Herbst nehmen die Zellzahlen in allen untersuchten Proben von der Oberfläche zur Tiefsee hin ab. Im Frühjahr steigen die Zellzahlen von 5 m bis auf 100 m an und nehmen von 100 m bis 600 m drastisch ab. In Tiefen des DCM (100 m) werden deshalb in den beiden Jahreszeiten unterschiedliche Zellzahlen gemessen. Im Frühjahr sind es durchschnittlich $2,5 *10^5$ Zellen/ml ($\pm 9,3 *10^4$). Im Herbst wurden in 100 m Tiefe $1,4 * 10^5$ Zellen/ml ($\pm 5 *10^4$) ermittelt. Die Zellzahlen liegen bei den neritischen Stationen (N1 und N2) an der Oberfläche höher als bei den Stationen auf offener See (N4 und N5) in 5 m. Darauf basiert auch die hohe Standardabweichung der gemittelten Werte des Epipelagials, wie in der Abbildung deutlich zu erkennen ist.

Im Bathypelagial wurden keine signifikanten saisonalen Unterschiede detektiert. Während im Frühjahr im Mittel $4,1 *10^4$ Zellen/ml ($\pm 8,8 *10^3$) gezählt werden, sind es im Herbst $2,9 *10^4$ Zellen/ml ($\pm 5,1 *10^3$). Ab 3500 m zeigt sich ein nahezu identischer Verlauf. In Tiefen von 4500 m (Stationen N4 und N5) liegt das Mittel bei $3,1 *10^4$ ($\pm 3,5 *10^3$) Zellen/ml.

Ergebnisse

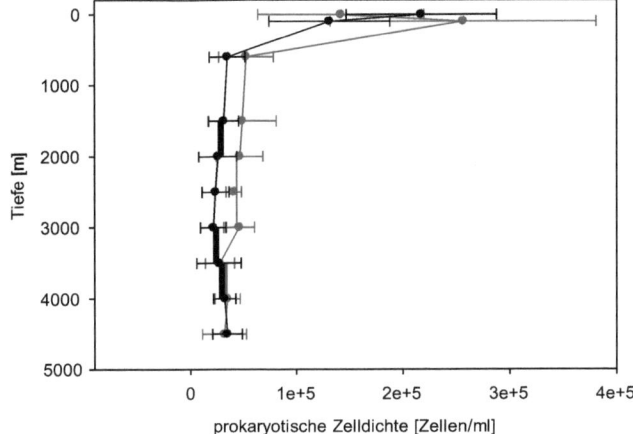

Abb. 5.21: FACS-Messungen der gemittelten absoluten Zellzahlen der vier Stationen im Frühjahr (rot) und Herbst (schwarz) der Jahre 2007 und 2008.

Die Prokaryotendichte nimmt über die Tiefe um eine Größenordnung von $2*10^5$ Zellen/ml auf $3*10^4$ Zellen/ml ab. Die küstennahen Stationen (N1 und N2) zeigen im Epipelagial signifikant höhere Zelldichten ($2,8*10^5$ Zellen/ml bis $3,8*10^5$ Zellen/ml) als die ozeanischen Stationen ($2*10^5$ Zellen/ml).

5.7 Catalyzed Reporter Deposition Fluorescence in situ Hybridisation

Bei der „Catalyzed Reporter Deposition Fluorescence in situ Hybridisation" (CARD-FISH)-Analyse wurde mit zwei spezifischen Sonden ribosomale RNA von Bakterien (Fluorescein-Sonde) und Archaea (Alexa 555-Sonde) fluoreszenzmarkiert und mikroskopisch untersucht. Jede Zellzählung erfolgte gegen die Zählung DAPI-gefärbter Zellen. Der Fluoreszenzfarbstoff DAPI bindet unspezifisch an DNA, sodass alle DNA-haltigen Zellen und Zelltrümmer gefärbt werden. In den Abbildungen 5.22 und 5.23 kann zwischen DAPI-gefärbten Zellen (blau), Alexa 555 markierten Archaea (rot) und Fluorescein markierten Bakterien (grün), unterschieden werden.

Bei der Zählung der Archaea wurden nur Zellen berücksichtigt, die sowohl DAPI-gefärbt sind (Abb. 5.22A) als auch rot fluoreszieren (Abb. 5.22B). Es handelt sich in beiden Abbildungen um denselben Probenausschnitt, der mit zwei verschiedenen Filtern (Anregung bei 365 nm bzw. 546 nm) betrachtet wurde.

Ergebnisse

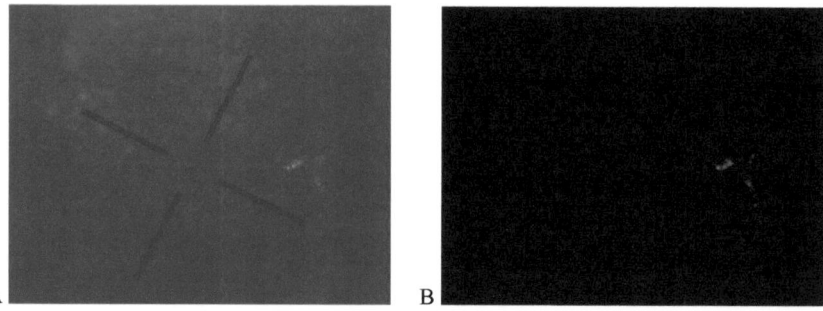

Abb. 5.22: DAPI-gefärbte und Alexa 555 markierte Probe bei 1000facher Vergrößerung zur Zählung von Archaea. A) Anregung bei 365 nm. B) Anregung bei 546 nm.

Die Zählung der Bakterien erfolgte über den Vergleich von DAPI-gefärbten und grünfluoreszierenden (Fluorescein) Zellen derselben Probe (Abb. 5.23). Alle Zählungen erfolgten an einem Axiovert (Zeiss, Jena) bei 1000facher Vergrößerung.

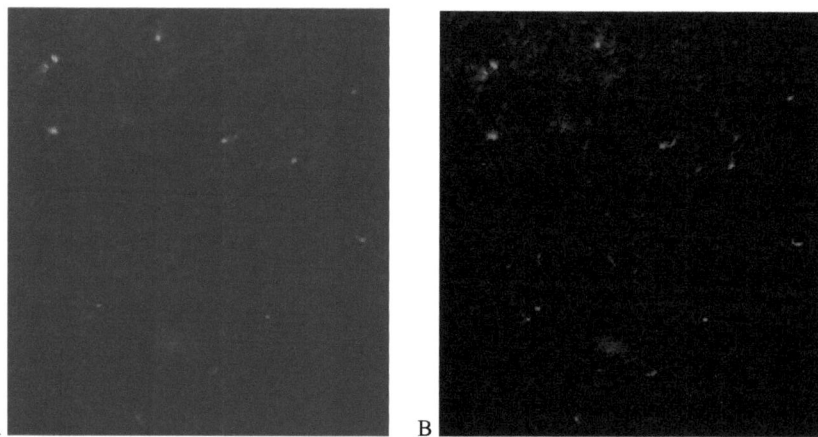

Abb. 5.23: 1000fache Vergrößerung einer mit Fluorescein markierten und mit DAPI- gegengefärbten Probe zur Zählung von Bakterien. A) Anregung bei 365 nm. B) Anregung bei 490 nm.

Die CARD-FISH-Analyse wurde mit Proben im Mai 2007 und im Oktober 2008 durchgeführt. Im Mai 2007 erfolgte die Zählung bei den Stationen N1, N2, N4 und N5, im Oktober 2008 nur an der Station N4 (Ergebnis nicht dargestellt). Die Zählungen sind als absolute Zellzahlen und jeweils prozentual auf die DAPI-Gegenfärbung bezogen dargestellt. Bei der prozentualen Darstellung kann angenommen werden, dass die Differenz zwischen DAPI- und Sonden-markierten Zellen auf Eukaryoten sowie auf, mit den Sonden nicht erfasste, Prokaryoten basiert.

Ergebnisse

Die Ergebnisse der Zellzahlbestimmung anhand der CARD-FISH-Analyse sind in den Abbildungen 5.24 A/B dargestellt.

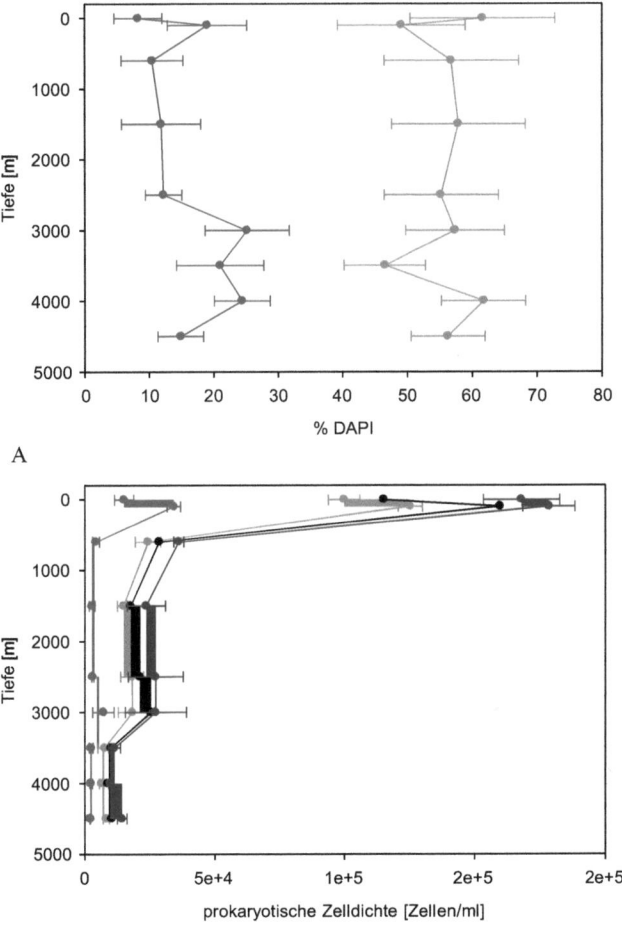

Abb. 5.24: Darstellung der Messung von Archaea und Bakterien im prozentualen Verhältnis zur DAPI-Färbung (A) und als absolute gemittelte Zellzahl (B). Archaea sind in rot, Bakterien in grün, ihre Summe in schwarz und die DAPI-Zählung in blau wiedergegeben. Probennahme Mai 2007.

Im Mai 2007 nimmt der prozentuale Anteil der Archaea von 5 m auf 100 m zu (von 8 % auf 18 %). Der Anteil der Bakterien nimmt von ca. 62 % auf ca. 48 % ab. Nach einer Abnahme auf 10 % bei 600 m nimmt der prozentuale Anteil der Archaea mit größer werdender Tiefe zu.

Ergebnisse

Er erreicht in 3000 m bis 4000 m ein weiteres Maximum. Die Bakterien sind in allen Tiefen dominant. Auffällig ist der inverse Verlauf der Archaea und Bakterien. Die absoluten Messungen zeigen eine Zunahme der Archaea und der Bakterien in den ersten hundert Metern. Während die Bakterien in 100 m Tiefe 1,5 *10^5 Zellen/ml (± 7,6 *10^3) ausmachen, sind es 3,1 *10^4 Zellen/ml (± 1,2 *10^3) Archaea. In 5 m Tiefe können für die Bakterien 1,0 *10^5 Zellen/ml (± 1,6 *10^3) und für die Archaea nur 6,3 *10^3 Zellen/ml (± 1,6 *10^3) gezählt werden. Beide Populationen weisen eine drastische Abnahme der Zellzahlen zwischen 100 m und 600 m auf. In 4500 m Tiefe wurden 1 *10^4 prokaryotische Zellen gezählt.

Die kontinuierliche Abnahme der Prokaryotendichte um einen Größenfaktor, bei gleichzeitiger Zunahme des prozentualen archaealen Anteils, ist typisch für ozeanische Gewässer. Dieses Muster ist durch das nachlassende Vorkommen und die erschwerte Zugänglichkeit des organischen Materials für Prokaryoten bedingt. Besonders zwischen 100 und 600 m nimmt die Zellzahl aufgrund der Remineralisierung der Nährstoffe ab. Ein bisher noch nicht zu quantifizierender Teil der bathypelagischen Archaea kann chemolithoautotroph leben. Die leichte Zunahme der Archaea in 3000 m Tiefe kann auf dem Vorkommen solcher autotropher Archaea basieren.

5.8 Terminale Restriktions Längen Polymorphismen

Mit der Terminalen Restriktions Längen Polymorphismen (T-RFLP) Methode lassen sich Unterschiede (Unähnlichkeiten) zwischen Artengemeinschaften aufklären. Das erhaltene 16S rDNA PCR-Produkt wird verdaut. Die nach dem Verdau unterschiedlich langen terminalen 16S rDNA-Sequenzfragmente (grüne und schwarze Peaks im Elektropherogramm), wie sie in Abbildung 5.25 zu sehen sind, stellen jeweils eine Art dar. Im Elektropherogramm erscheinen längere 16S rDNA-Fragmente später als solche mit einer kürzeren terminalen Basenfolge. Die Auflösung dieser Methode liegt bei zwei Basen Unterschied. Die Fläche unterhalb der Peaks spiegelt die Menge der entsprechenden 16S rDNA einer Art in dem PCR-Produkt wider. Im Mai 2007 wurden 29 Elektropherogramme im Rahmen der T-RFLP-Analyse erstellt. 14 dieser Datensätze stammen von bakterieller 16S rDNA und 15 von archaealer 16S rDNA. 10 der 14 bakteriellen Datensätze stammen von der Station N4, bei der von jeder Tiefe ein Elektropherogramm erstellt wurde. Vier Datensätze konnten von der Station N2 analysiert werden. Hier wurden Elektropherogramme der Tiefen 5 m, 100 m, 600 m und 2000 m erzeugt. Die archaealen Elektropherogramme wurden von den Stationen N1, N2 und N4 erstellt. Von den Proben der Station N4 konnten, wie bei den Bakterien, alle Tiefen analysiert werden. Bei Station N1 flossen ebenfalls alle Tiefenhorizonte (5 m und 100 m) in die Berechnung der Unähnlichkeit ein.

Ergebnisse

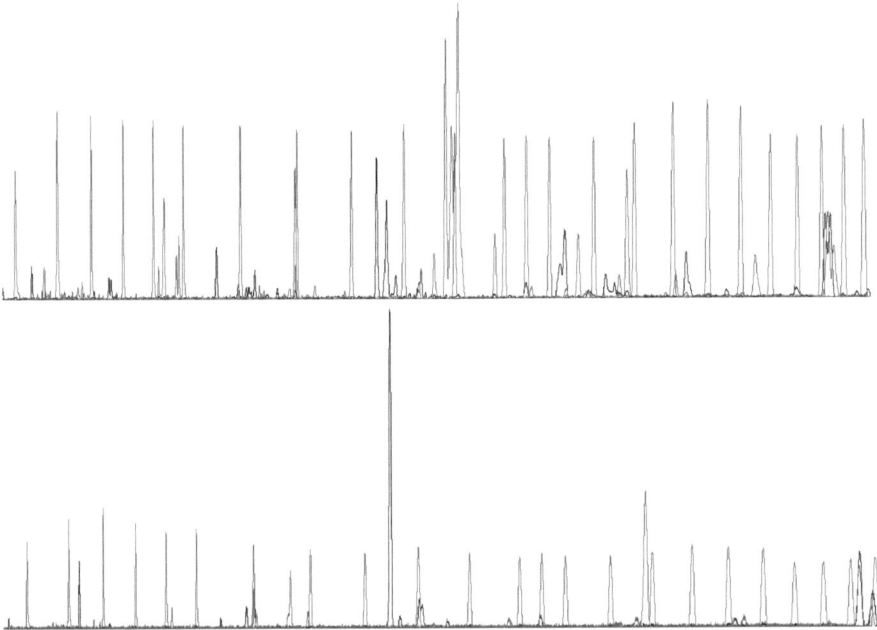

Abb. 5.25: Exemplarische Elektropherogramme von bakteriellen (oben) und archaealen (unten) Lebensgemeinschaften der Proben aus Mai 2007. Die Abszissenachse gibt die Länge der terminalen 16S rDNA-Fragmente in Basenpaaren an (Skala hier nicht zu sehen). Rote Peaks geben den Größenstandard ROX-1000 an. Die schwarzen Peaks repräsentieren die mit FAM-markierten Fragmente und in grün sind die JOE-markierten Fragmente dargestellt.

Von der Station N2 konnten für die Archaea nur die Tiefen 5 m, 100 m und 2000 m analysiert werden. Proben der anderen Stationen konnten nicht mit genügend hoher Qualität prozessiert werden.

Bei der Erhebung der bakteriellen und archaealen Daten der im Mai 2007 genommenen Proben wurde keine Unterscheidung in Vor- und Hauptfilter getroffen. Die mittels T-RFLP bestimmte Artenvielfalt der Bakterien lag zwischen 8 Arten (Station N2, 5 m) und 40 Arten (Station N4, 3000 m). Bei den Archaea konnten zwischen 3 (Station N4, 1500 m) und 17 Arten (Station N2, 100 m) unterschieden werden. Die gefundene Diversität ist in Abbildung 5.26 wiedergegeben.

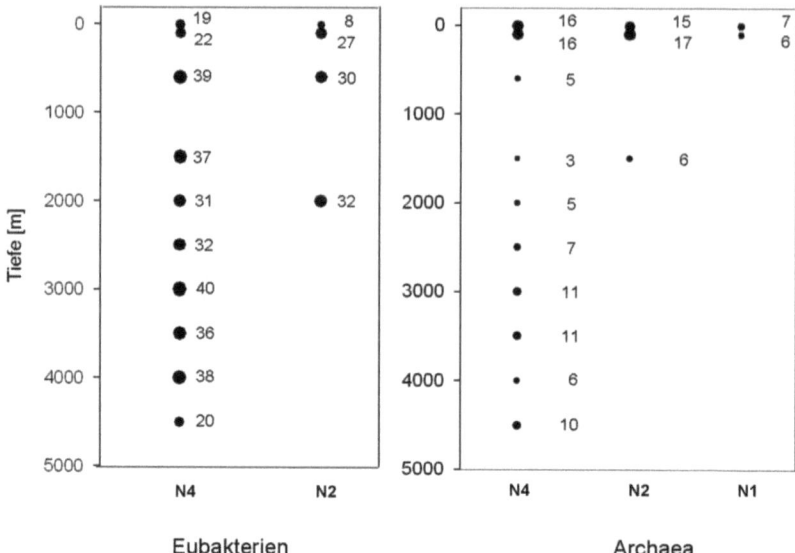

Abb. 5.26: Diversität der Bakterien und Archaea ermittelt mit der T-RFLP-Analyse (Proben Mai 2007). Die Durchmesser der Punkte symbolisieren die Anzahl der auf einer Tiefe gefundenen Arten. Auf der Abszisse stehen die Stationen.

Analysiert man, basierend auf einer Quadratwurzel-Transformation der Rohdaten, die Unähnlichkeiten der Bakterienpopulationen im Hinblick auf die Standorte, so zeigt sich, dass die Populationen der küstennahen Station N2 (rot umkreist) von der küstenfernen Station N4 (schwarz umkreist) zum Zeitpunkt der Probennahme deutlich unterschiedlich sind (Abb. 5.27). Die Station N4 zeigt ebenfalls Unterschiede in der Tiefenverteilung der Artengemeinschaften. Sie kann in zwei Populationsgruppen unterteilt werden. Die Populationen des Bathypelagials (schwarzer Kreis) unterscheiden sich deutlich von denen des Epipelagials (schwarzer gestrichelter Kreis). Die Populationen in der Tiefe von 600 m (N4) zeigen eine höhere Ähnlichkeit mit den epipelagialen Gemeinschaften derselben Station als mit den Populationen der Station N2 derselben Tiefe. Dieses Phänomen gilt ebenfalls für die Tiefen 5 m und 100 m. Die bakteriellen Gemeinschaften scheinen sich eher geographisch als im Tiefenprofil zu unterscheiden. Dieses Phänomen tritt im Bathypelagial (2000 m) ebenfalls auf.

Ergebnisse

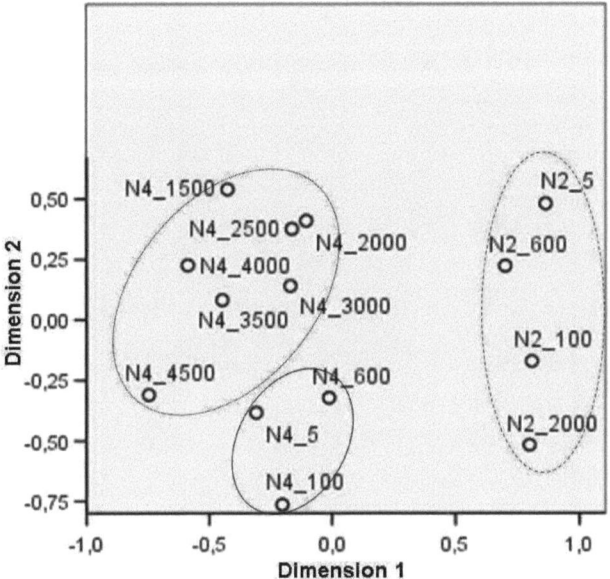

Abb. 5.27: Multi-Dimensional-Scale (MDS)-Diagramm zur Darstellung der bakteriellen genetischen Distanzen zwischen den T-RFLP-Proben vom Mai 2007. Die Distanzen entsprechen den genetischen Unähnlichkeiten der verschiedenen Lebensgemeinschaften. Die Daten wurden einer Quadratwurzel-Transformation unterzogen. Rot umkreist sind die Populationen der Station N2, schwarz umkreist die der Station N4. Die Zahl hinter der Station bezeichnet die Tiefe der Probennahme in Metern.

Betrachtet man die Daten nach einer „present/absent"-Transformation, so zeigt sich ein anderes Bild (Abb. 5.28). Die Stationsunterschiede werden vernachlässigbar und die Tiefengruppierung der Station N4 hebt sich auf. Die durch eine Quadratwurzel-Transformation entstehenden Unterschiede basieren demnach auf der quantitativen Gewichtung einzelner, dominanter Arten. Nur diese Arten zeigen also eine geographisch unterschiedliche Verteilung.

Ergebnisse

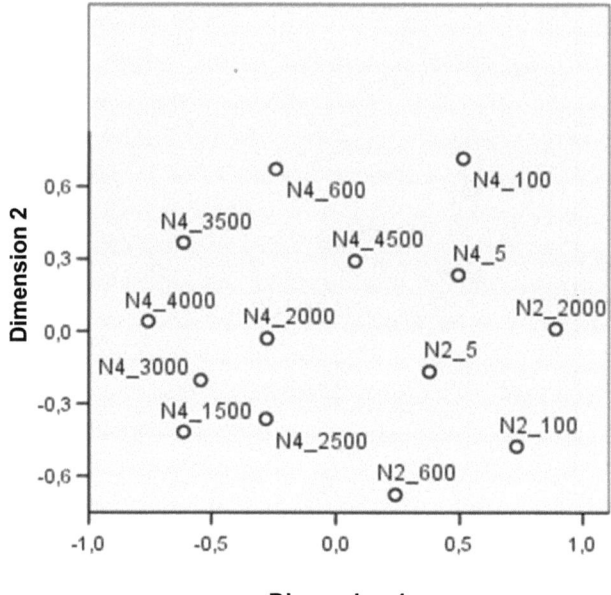

Abb. 5.28: MDS-Diagramm zur Darstellung der bakteriellen genetischen Distanzen zwischen den T-RFLP-Proben vom Mai 2007. Die Distanzen entsprechen den genetischen Unähnlichkeiten der verschiedenen Lebensgemeinschaften. Die Daten wurden einer „present/absent"-Transformation unterzogen.

Die genetischen Unähnlichkeiten von Populationen einer Wassermasse, wie z. B. des Kretischen Tiefenwassers (CDW) zwischen 2800 m und 3600 m, oder des EMDW (3700 m - 4600 m), sind größer als zwischen verschiedenen Wassermassen (LIW (600 m) und CDW (3500 m). Die genetische Diversität wird demnach nur in geringem Umfang von lateralen Effekten beeinflusst.

Die auf einer Quadratwurzel-Transformation beruhende Analyse der Archaea zeigt, dass sich die Artengemeinschaften der oberen Wasserschichten (Epipelagial) von den Populationen im Meso- und Bathypelagial unterscheiden (Abb. 5.29). Die Unähnlichkeit der Archaea-population der Station N2 auf 1500 m Tiefe ist größer zu den Populationen im Epipelagial von N2, als zu denen der Station N4 im Meso-/Bathypelagial. Die Oberflächenpopulationen der Stationen N2 und N4 unterscheiden sich genetisch mehr als die Populationen im Meso- und Bathypelagial derselben Stationen. Insgesamt wird deutlich, dass die Archaeagemeinschaften einer Tiefenzonierung unterliegen und sich weniger geographisch unterscheiden.

Ergebnisse

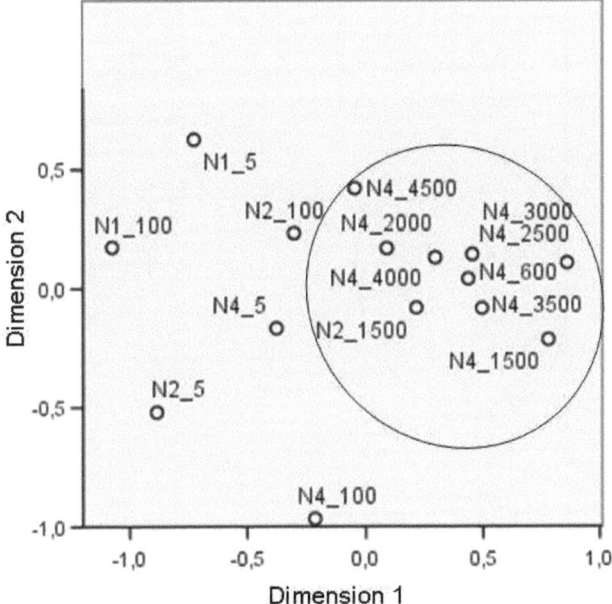

Abb. 5.29: Archaeale Populationsunterschiede, dargestellt in einem MDS-Diagramm, basierend auf einer Quadratwurzel-Transformation. Die Distanzen zwischen den Kreisen geben die Unähnlichkeiten zwischen den T-RFLP-Proben an. Schwarz umkreist sind Populationen des Bathypelagials.

Werden dieselben Daten, basierend auf einer „present/absent"-Transformation betrachtet (Abb. 5.30), zeigt sich ebenfalls eine Unterscheidung der Populationen in Tiefenhorizonte. Die Populationen des Meso- und Bathypelagials sind deutlich von denen im Epipelagial zu unterscheiden. Die Unähnlichkeit der epipelagialen Archaeagemeinschaften nimmt unter dieser Betrachtung weiter zu. Die beobachtete Tiefenzonierung begründet sich in der genetischen Variabilität und nicht in dem quantitativ unterschiedlichen Vorkommen einzelner Arten.

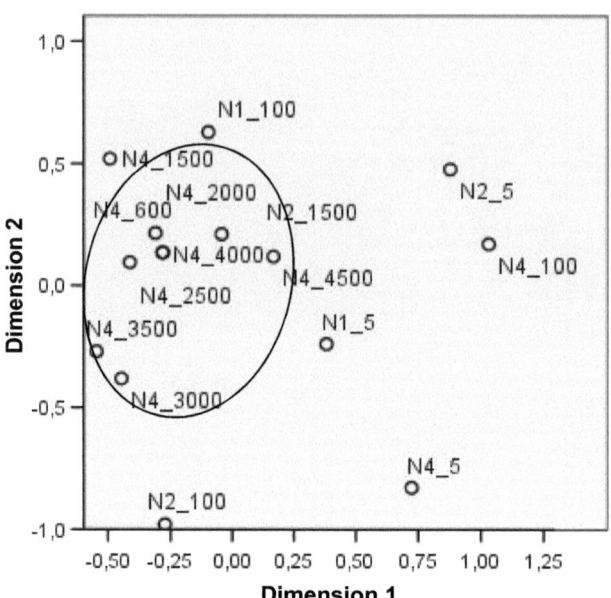

Abb. 5.30: Archaeale Populationsunterschiede, dargestellt in einem MDS-Diagramm, basierend auf einer „present/absent"-Transformation. Die Distanzen zwischen den Kreisen geben die genetischen Unähnlichkeiten zwischen den T-RFLP-Proben an.

Im Oktober 2008 wurden die bakteriellen Populationen auf den unterschiedlichen Filtertypen (Haupt- und Vorfilter) miteinander verglichen. Hierzu wurde ein Datensatz von 18 Proben, 7 Vorfilter und 11 Hauptfilter, untersucht. Zum einen wurde ein Vergleich der Filtertypen der Stationen N2, N4 und N5 vorgenommen (Daten nicht gezeigt), zum anderen sind die Vor- und Hauptfilter der Station N5 direkt gegeneinander analysiert worden (Abb. 5.31). Verglichen wurden Vor- und Hauptfilter der Tiefen 600 m, 1500 m, 2500 m und 4000 m.

Die bakteriellen Artengemeinschaften auf den Vor- und Hauptfiltern sind im Oktober 2008 deutlich unterschiedlich. Die Artenzusammensetzung einer Tiefe unterteilt sich demnach deutlich in Partikel-assoziierte und freilebende Gemeinschaften. Die Filter der Tiefe 2500 m bilden eine Ausnahme. Sie weisen geringere Unähnlichkeiten zueinander auf als die übrigen Tiefen.

Ergebnisse

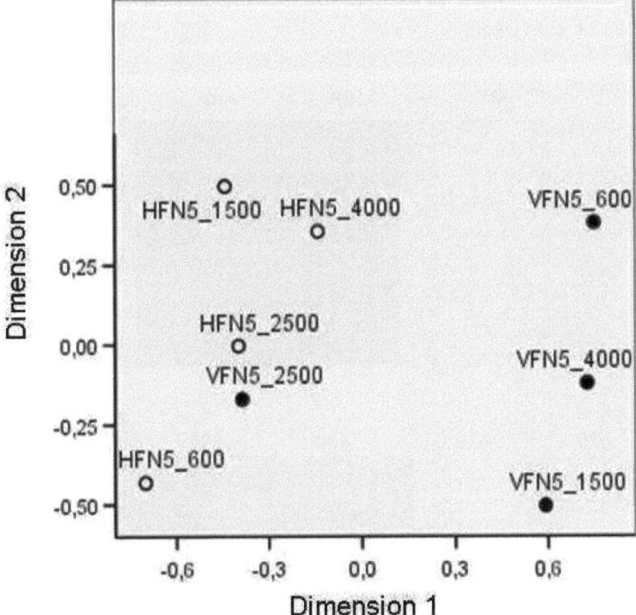

Abb. 5.31: MDS-Diagramm zur Darstellung der genetischen Unähnlichkeiten der Vor- und Hauptfilter der Station N5 im Oktober 2008. Dargestellt sind die Tiefen 600 m, 1500 m, 2500 m und 4000 m. Offene Kreise symbolisieren die T-RFLP-Proben der Hauptfilter, ausgefüllte Kreise die der Vorfilter.

5.9 Vorkommen biolumineszenter Bakterien – Detektion von *luxA*

Die Detektion der bei Kollidierungsereignissen von Neutrinos mit Materie entstehenden Muons erfolgt über deren Čerenkov-Strahlung. Von besonderer Bedeutung für die Installation eines Neutrino-Teleskops sind Quellen elektromagnetischer Wellen desselben Spektralbereichs wie die Čerenkov-Strahlung. Bakterielle Biolumineszenz tritt hauptsächlich in diesem Teil des Spektrums auf.

Für die Evaluierung des Biolumineszenzpotenzials in der Tiefsee des Helenischen Grabens wurde das Vorkommen der Gene, die für die Luciferase kodieren, untersucht. Die große Untereinheit (Alpha-Untereinheit) der Luciferase wird von dem Gen *luxA* kodiert.

Ergebnisse

Für die Detektion von *luxA* wurden spezielle Primer, deren Consensus-Sequenz in Abbildung 5.32 wiedergegeben ist, entwickelt.

```
Position              90        100       110       120       130
gi:154124974 TCGCGGGTTGTATGATAAGGACTTCCGAGTGTTTGGGACTGATATGGATAACA
gi:239937982 TCGAGGGCTATACCATAAAGATTTTCGAGTATTTGGTGTTGATATGGAAGAGT
gi:239937979 TCGAGGGCTATACCATAAAGATTTTCGAGTATTTGGTGTTGATATGGAAGAGT
gi:239937949 TCGAGGACTTTATAATAAAGATTTCCGAGTATTTGGCGTTGATATGGAGCAAT
gi:239937901 TCGAGGGCTATACCATAAAGATTTTCGAGTATTTGGTGTTGATATGGAAGAGT
gi:239937811 TCGAGGGCTATACCATAAAGATTTTCGAGTATTTGGTGTTGATATGGAAGAGT
gi:164608741 GAGAGGGTTGTATCATAAAGACTTCCGAGTGTTTGGGGCTAATATGGAAGAGT
gi:164608693 TAGAGGCCTATATCACAAGGATTTTCGGGTCTTTGGGGTCAATATGGAAGAAT
gi:164652708 TCGCGGTTTGTACGATAAAGATTTTCGTGTCTTTGGTACAGACATGGATAACA
gi:164652706 TCGCGGTTTGTACGATAAAGATTTTCGTGTCTTTGGTACAGACATGGATAACA
LX98F        ----------------ARGAYTTYCGDGTVTTTGGB----------------
LX583R       ----------------------------------------------------
```
A

```
Position             620       610       600       590       580       570
gi:154124974 CTTATGACCTTTCAAAACAAAGTCACGCCATTGGCCTTTGTTAAAGTCATAGC
gi:239937982 TGTATGTCCTTGTAAAACAAAATCACGCCATTGACCTTTATGATAATCATAAC
gi:239937979 TGTATGTCCTTGTAAAACAAAATCACGCCATTGGCCTTTATGATAATCATAAC
gi:239937949 TGTATGCCCTTGTAAAACAAAATCCCGCCATTGGCCTTTATGATAATCATATC
gi:239937901 TGTATGTCCTTGTAAAACAAAATCACGCCATTGACCTTTATGATAATCATAAC
gi:239937811 TGTATGTCCTTGTAAAACAAAATCACGCCATTGACCTTTATGATAATCATAAC
gi:164608741 TGTGTGACCTTGTAAAACGAAATCTCGCCACTGTCCTTTATGGTAATCATAAC
gi:164608693 AGTATGACCTTGTAATACAAAATCTCTCCACTGGCCTTTGTGATAATCGTAAC
gi:164652708 TTTGTGGCCTTTCAACACAAAATCACGCCATTGACCTTTATTGAAGTCGTAAC
gi:164652706 TTTGTGGCCTTTCAACACAAAATCACGCCATTGACCTTTATTGAAGTCGTAAC
LX98F        ----------------------------------------------------
LX583R       ----------------ACRAARTCHCGCCAYTGDCCTTT-------------
```
B

Abb. 5.32: Ausschnitt aus dem forward Alignment (A) und dem reverse Alignment (B) zehn verschiedener Vibrionaceae, basierend auf der Nukleotidsequenz zur Erstellung der *luxA* Primer LX98F and LX583R. Der schwarz unterlegte Bereich bildet die Consensus-Sequenz für die Primer. Die Alignments sind in 5´ - 3´ Richtung abgebildet. Der Buchstabencode entspricht der IUPAC-IUB (1969). Sequenzreihenfolge von oben nach unten: *Vibrio splendidus, V. fischeri mjapo 6.21, V. fischeri mjapo 6.20, V. fischeri mjapo 4.11, V. fischeri mjapo 2.1, V. fischeri emors 7.20, Aliivibrio salmonicida SR6, V. harveyi H7, V. harveyi H6, V. harveyi H7.*

Die in den Alignments herausgearbeiteten Primer-Sequenzen sind, der Übersicht halber, in Tab. 5.1 aufgelistet. Die Alignments basieren auf zehn *luxA* Sequenzen verschiedener Vibrionaceae.

Tab. 5.1: Sequenzen der *luxA* Primer LX98F (forward) und LX583R (reverse) sowie ihre Länge und ihre Annealing Temperatur.

Name der Primer	Länge [bp]	Tm °C	Sequenz (5'- 3')
LX98F	20	58,4	ARGAYTTYCGDGTVTTTGGB
LX583R	23	63,6	ACRAARTCHCGCCAYTGDCCTTT

Ergebnisse

Mit Hilfe der beiden Primer wurde über PCR-Techniken nach *luxA* tragenden und damit potenziell biolumineszenten Organismen gesucht. Das resultierende PCR-Fragment hat eine ungefähre Länge von 515 Basenpaaren (Abb. 5.33). Es wurden 115 Proben der Vor- und Hauptfilter von den vier Stationen auf *luxA* Vorkommen untersucht. Drei künstliche Substrate (Glas, Edelstahl und Stahl), die für 15 Monate im Helenischen Graben auf Tiefen zwischen 4000 m und 4500 m ausgebracht waren, wurden ebenfalls in die Untersuchung einbezogen. In Wasserproben des im deutschen Wattenmeer gelegenen Norderpieps konnte mittels 16S rDNA-Amplifizierung das Vorkommen von verschiedenen biolumineszenten Arten, wie *Vibrio splendidus* oder *Photobacterium aquamaris*, gezeigt werden. Eine Probe aus dem Norderpiep wurde daher als Vergleichsprobe genutzt. Als Positivkontrolle fand genomische DNA des Typstamms *Aliivibrio fischeri* ATCC 7744 (Beijerinck 1889), bezogen aus der Deutschen Sammlung von Mikroorganismen und Zellkulturen (DSMZ, Braunschweig), Verwendung.

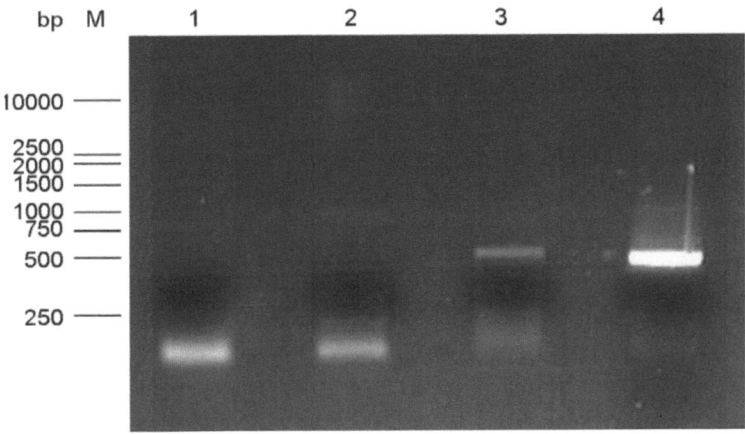

Abb. 5.33: Amplifizierung des *luxA*-Fragments (~515 bp) mittels PCR in einer Probe vom April 2008 der Station N1. Die Banden unterhalb von 250 bp stellen Primerdimere dar. M. DNA-Längenstandard (Gene Ruler 1kb DNA Ladder, MBI Fermentas), 1. Negativkontrolle (*Synechocystis* PCC 6803), 2. Vorfilter der Station N1, 3. Hauptfilter der Station N1 (5 m) und 4. Positivkontrolle (*Aliivibrio fischeri* ATCC 7744).

Die mit dem Primerpaar LX98F/LX583R erzielten Banden wurden zur Kontrolle transformiert und sequenziert. Die erhaltenen Sequenzen wurden über BLASTX analysiert. In der Ionischen See konnte nur an einer von den vier untersuchten Stellen *luxA* detektiert werden (Tab. 5.2). Dies war im April 2008 an Station N1. Die Sequenzierung dieser Fragmente ermöglichte die Zuordnung zu *Vibrio harveyi* (97 %) und *Pseudomonas mediterranea* (98 %). In der Nordsee wurden Sequenzen von *Vibrio splendidus*, *Vibrio fischeri* und *Photobacterium aquamaris* gefunden (96 %, 99 % und 86 %, entsprechend).

Ergebnisse

Tab. 5.2: Positive (-/+) und negative (-/-) Detektion von *luxA* auf Vorfiltern/Hauptfiltern mittels PCR-Amplifikation sowie positive Detektion von potenziell biolumineszenten Bakterien mittels 16S rDNA-Klonierung (*). Darstellung der Ergebnisse von den Probennahmestellen N1, N2, N4, N5 und aus dem Norderpiep.

Station	N1		N2		N4		N5		Norderpiep
Entfernung zur Küste	0,9 nm		2,5 nm		15 nm		27 nm		4 nm
Position	36°45,91'N 21°39,82'O		36°40,55'N 21°40,16'O		36°33,14'N 21°27,58'O		36°33,62'N 21°09,41'O		54°18,32'N 8°74,41'O
Tiefe [m]	Apr.	Okt.	Apr.	Okt.	Apr.	Okt.	Apr.	Okt.	Okt.
5	-/+	-/-	-/-	-/-	-/-	-/*	-/-	-/-	+*
100	-/-	-/-	-/-	-/-	-/-	-/-	-/-	-/-	
600			-/-	-/-	-/-	-/-	-/-	-/-	
1500			-/-	-/-	-/-	-/-	-/-	-/-	
2000			-/-	-/-	-/-	-/-	-/-	-/-	
2500					-/-	-/-	-/-	-/-	
3000					-/-	-/-	-/-	-/-	
3500					-/-	-/-	-/-	-/-	
4000					-/-	-/-	-/-	-/-	
4500					-/-	-/-	-/-	-/-	
5000							-/-	-/-	

In den übrigen Proben des Jahres 2008 (April und Oktober) aus der Ionischen See konnte kein *luxA* detektiert werden. An der Station N4 in 5 m Tiefe wurde mit Hilfe der 16S rDNA-Analyse *V. harveyi* detektiert. An den „off-shore" Stationen kommen demnach nur sehr selten biolumineszente Arten vor.

Um neben den Vibrionaceae, für die die Primer konzipiert wurden, nach anderen biolumineszenten Arten zu suchen, wurde die bakterielle Diversität mittels 16S rDNA-Klonierung an der Station N4 auf verschiedenen Substraten (Glas, Stahl und Edelstahl) ermittelt. Alle drei Materialien waren für 15 Monate an einer Mooring-line in der Tiefsee ausgebracht. Die Glasoberfläche (Benthoskugel) befand sich zusammen mit der Stahlfläche (Gerüst) auf 4300 m. Der Edelstahl-Releaser verweilte auf 4550 m. Es wurde keine 16S rDNA bekannter biolumineszenter Bakterien gefunden. Allerdings befinden sich auf Stahl 10 % und Edelstahl 40 % Schwefel- und Eisenoxidierende -Proteobakterien. Außerdem wurde auf Glas das -Proteobakterium PWB3 detektiert. Es stellt 22 % der gefundenen Bakterien. PWB3 ist ein weiteres metalloxidierendes Bakterium. Neben diesen Bakterien wurden noch Sequenzen mit Ähnlichkeiten zu *Neptuniibacter caesariensis* (93%), einem Hydrogenase-tragenden -Proteobakterium, gefunden. Die Ergebnisse zeigen, dass sich das Seegebiet für eine interferenzfreie Detektion der Čerenkov-Strahlung eignet. Allerdings muss

Ergebnisse

die Existenz biokorrosiver Arten bei der Auswahl des Materials für das Teleskop berücksichtigt werden.

5.10 Vorkommen der NAD(P)-gekoppelten [NiFe] Hydrogenase

Um zu ermitteln, ob in extrem oligotrophen Gewässern Wasserstoff als Energiequelle genutzt wird, wurden die Proben aus der Ionischen See in Kooperation mit dem Verbundprojekt des Innofonds Schleswig-Holsteins auf das Vorkommen der bidirektionalen NAD(P)-gekoppelten [NiFe] Hydrogenase getestet. Hierzu entwickelte Primer für die Amplifizierung der großen Untereinheit dieser Hydrogenase (HoxH) wurden gegen die Positivkontrolle *Synechocystis* PCC 6803, Oberflächenproben aus Nord-, Ostsee (Innofond Schleswig-Holstein) und Proben aus dem Mittelmeer (diese Arbeit) eingesetzt. Die Koordinaten betragen für den Probenstandort Norderpiep (Nordsee) 54°09'N/08°31'E und für die Stollergrundrinne, (Ostsee) 45°29'N/10°13'E. Während in der Nord- und Ostsee das Gen *hoxH* nachweisbar ist (Abb. 5.34), konnte es nicht in den Proben des Mittelmeers detektiert werden. In der Ostsee wurde eine große Anzahl cyanobakterieller *hoxH*-Gene gefunden, von denen die meisten den Nostocales und den Chroococcales zugeordnet werden. In der Nordsee dominieren dagegen *hoxH*-Gene der Rhodobacterales (-Proteobakterien).

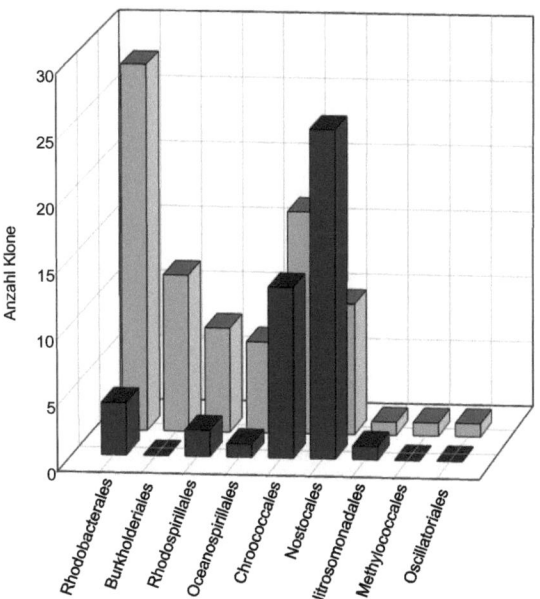

Abb. 5.34: Verteilung der bidirektionalen NAD(P)-gekoppelten [NiFe] Hydrogenase in Proben, die aus der Nordsee (Norderpiep) und der Ostsee (Stollergrundrinne) genommen wurden. Nordsee (grün) und Ostsee (braun).

5.11 Vorkommen Ammonium-oxidierender Prokaryoten

Das Untersuchungsgebiet ist ein extrem oligotrophes Gewässer. In solchen Habitaten ist die Lebensgemeinschaft der photischen Zone auf das Vorhandensein von Nährstoffen, die für die Primärproduktion notwendig sind, angewiesen. Aus diesem Grund müssen die Nährstoffe schnell remineralisiert werden. Ein essentieller Nährstoff ist der organisch gebundene Stickstoff. Organisch gebundener Stickstoff in Partikeln und gelöstes Ammoniak (Ammonium) stellen Stickstoffsenken dar. Ammonium kann von einigen Prokaryoten oxidiert werden und so in Form von Nitrit und Nitrat wieder zugänglich gemacht werden. Zu den Ammonium-oxidierenden Prokaryoten gehören einige -Proteobakterien (*Nitrosomonas*, *Nitrosospira*), -Proteobakterien (*Nitrosococcus*) und Planktomyceten (anaerobe Ammonium-oxidierende Bakterien: Anammox-Reaktion) sowie einige Archaea. In dieser Arbeit wurden mit Hilfe der 16S rDNA-Sequenzierung keine Vertreter der Planctomycetacia gefunden, welche mit Planctomyceten, fähig zur anaeroben Ammonium-Oxidation (z. B. Candidatus *Anammoxoglobus propionicus*, Candidatus *Kuenenia stuttgartiensis*), verwandt sind. Des Weiteren wurden in den Proben keine bekannten Ammonium-oxidierenden Proteobakterien detektiert. Allerdings wurde in dem Untersuchungsbebiet das Crenarchaeon *Nitrosopumilus maritimus* gefunden, welches ein Ammonium-oxidierendes chemolithoautotrophes Archaeon ist. Bei einer phylogenetischen Analyse eines 467 bp langen 16S rDNA-Fragments konnten ungefähr 25 % der in 100 m Tiefe detektierten Crenarchaea diesem Organismus zugeordnet werden. Die amplifizierten Sequenzen zeigen eine hohe Ähnlichkeit ($\geq$98%) zur 16S rDNA von *N. maritimus* (Abb. 5.35).

Ergebnisse

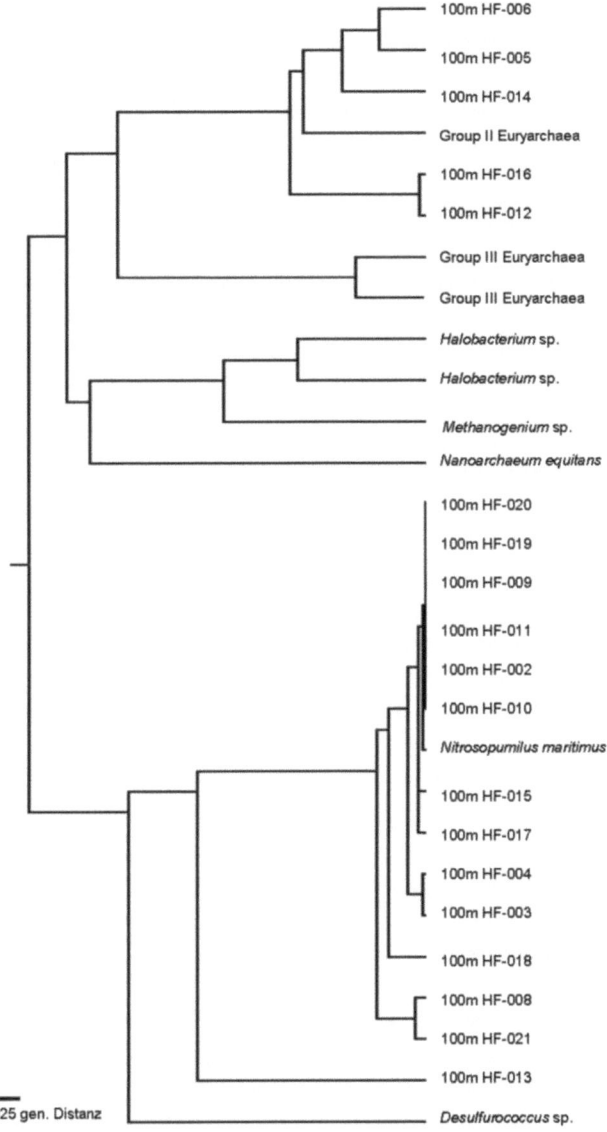

Abb. 5.35: Phylogenetische Verwandtschaft (Neighbor Joining) der detektierten archaealen OTU zu bekannten Archaea. DQ085097 Candidatus *Nitrosopumilus maritimus*, AB240734 *Desulfurococcus* sp., AJ318041 *Nanoarchaeum equitans*, AB301905 marine group II euryarchaeote, AY177807 *Methanogenium* sp., DQ156480 marine group III euryarchaeote, DQ156483 marine group III euryarchaeote, AY987821 *Halobacterium* sp., FN391258 *Halobacterium* sp., Outgroup = AM056028 Anammoxbakterium A-3

5.12 Prokaryotische Diversität im Calypso Deep, Ionische See

Die prokaryotische Lebensgemeinschaft des Calypso Deep und der nördlichen Ionischen See wurde bisher noch nicht erfasst. In dieser Arbeit wurde die Artenvielfalt der freilebenden und der Partikel-assoziierten Bakterien/Archaea genauer an der Station N4 mit der Erstellung einer 16S rDNA-Klonbibliothek betrachtet. Hierzu wurden Wasserproben aus vier Tiefenhorizonten (5 m = AIS, 100 m = DCM, 1500 m = CDW und 4500 m = EMDW) untersucht. Zu Vergleichszwecken wurden ebenfalls Proben von Oberflächen, die für 15 Monate auf 4550 m Tiefe (Edelstahl-Releaser) und 4300 m (Glaskugel, Korrosionsschlamm von einem Stahlgestell) ausgebracht waren, analysiert. Detailliertere Arbeiten zu der Diversität der Biofilmproben werden in einer Kooperation mit Frau N. Bellou (Hellenic Centre for Marine Research, Athen) durchgeführt. Die Station N4 ist von besonderem Interesse, da dort die Installation des Neutrino-Teleskops erfolgen könnte.

5.12.1 Phylogenetische Zuordnung unidentifizierter Bakterien

Im Oktober 2008 wurden aus jeder Tiefe 10 Liter direkt aus der Niskinflasche über eine „inline" Filterapparatur fraktioniert filtriert. Unterschieden wurde in Partikel-assoziierte (>5 µm) und freilebende (>0,2 µm und <5 µm) prokaryotische Gemeinschaften. Die Membrane wurden unmittelbar nach dem Filtrieren bei -20 °C eingefroren. Es wurden 2045 16S rDNA-Klone erstellt und sequenziert. Die erhaltenen Sequenzen wurden mittels BLASTN-Analyse in der Datenbank (NCBI GenBank) einer dort annotierten Sequenz zugeordnet. Ergebnisse, die Sequenzähnlichkeiten mit Prokaryoten aus Frischwasser, Chloroplasten 16S rDNA oder mit Enterobakterien wie *Escherichia coli* oder *Shigella sp.* aufwiesen, wurden als Verunreinigungen gewertet und aus der Klonbibliothek entfernt. Außerdem wurden Sequenzen mit geringer Qualität eliminiert. Nach diesen Korrekturen basiert die in dieser Arbeit erstellte Klonbibliothek auf 1677 Sequenzen (Archaea und Bakterien).

Sequenzen, die in der Datenbank nur hohe Ähnlichkeiten mit unidentifizierten, unkultivierten Klonen zeigten, wurden in einen Referenzstammbaum eingeordnet. Der zu diesem Zweck erstellte Referenzstammbaum umfasst 102 Arten aus 38 Familien (Anhang Abb. 1). Die unidentifizierten Sequenzen ließen sich auf diesem Weg den -, - und -Proteobakterien zuweisen. Zur genaueren Bestimmung, bis auf die Ebene der Ordnungen, wurden detailliertere Stammbäume für Proteobakterien (außer -Proteobakterien) erstellt. Es mussten dabei Stammbäume mit forward und reverse 16S rDNA-Sequenzen angefertigt werden, da die generierten Sequenzen während der Klonierung in zwei Orientierungen in den Vektor eingefügt werden können. Eine reverse komplementäre Darstellung führt aufgrund der Länge der Fragmente (ca. 650 bp) nicht zu einem Bereich der Überlappung, da die 16S rDNA ungefähr eine Länge von 1500 bp besitzt. Ein Stammbaum mit entgegengesetzt laufenden Fragmenten ist aufgrund entstehender Lücken im Alignment nicht verlässlich genug. Ein phylogenetischer Referenzbaum von forward 16S rDNA-Sequenzen der Proteobakterien ist in Abbildung 5.41 exemplarisch gezeigt.

Ergebnisse

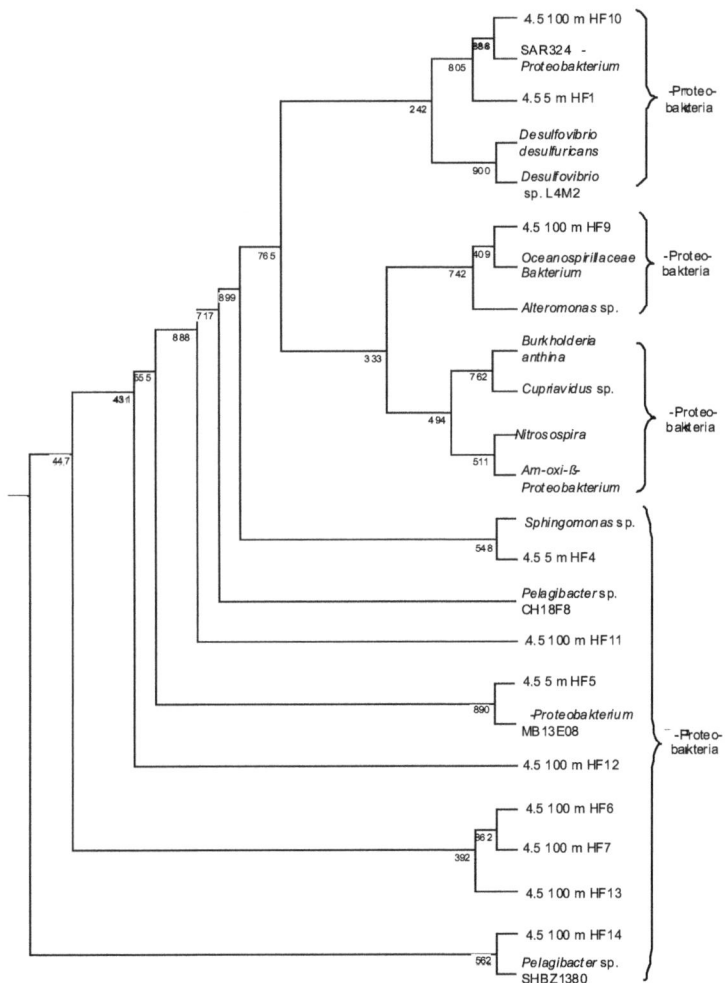

Abb. 5.41: Phylogenetischer Referenzstammbaum von forward 16S rDNA-Sequenzen der Proteobakterien für die Zuordnung der unidentifizierten Arten (BLASTN-Ergebnis). Die Zahlen geben die Bootstrapwerte für die jeweilige Gabelung an. Insgesamt wurden 900 Bootstraps mit Maximum Likelihood errechnet. Außer den -Proteobakterien wurden alle Unterklassen der Proteobakterien bei der Berechnung berücksichtigt. AM936718 *Pelagibacter* sp. CM18F8, EU638843 *Pelagibacter* sp. SHBZ1380, AF385529 *Sphingomonas* sp. AV069, AJ544072 *Burkholderia anthina* BHS1, EF562188 *Cupriavidus* sp. 7150D1B9, AJ275878 *Nitrosospira* SM-112, EU116361 ammonia-oxidizing -Proteobakterium 19-3, DQ308602 *Desulfovibrio* sp. L4M2, AF245652 SAR324 -Proteobakterium, AY033327 -Proteobakterium MB13E08, AJ876737 *Alteromonas* sp. PH1228, DQ517287 *Desulfovibrio desulfuricans* 734, DQ189563 *Oceanospirillaceae Bakterium* SIMO-2588. Outgroup = AJ308501 *Chloroflexus aurantiacus*.

Ergebnisse

5.12.2 Diversität freilebender und Partikel-assoziierter Bakterien

In diesem Kapitel werden die Ergebnisse, die in den Abbildungen 5.42 - 5.45 dargestellt sind, erläutert. Die Ergebnisse basieren auf erstellten 16S rDNA-Klonen aus vier verschiedenen Tiefen der Station N4. Die im Folgenden benutzten Prozentangaben beziehen sich auf die generierten Klone/Sequenzen der erstellten Klondatenbank. Sie stellen keine quantitative Auswertung der realen Proportionen der Klassen im Habitat dar.

Die α-Proteobakterien bilden die Hauptfraktion der freilebenden Gemeinschaft in allen vier untersuchten Tiefen. Sie machen in 4500 m 69 % und in 5 m Tiefe 35 % der Bakterien aus. An der Oberfläche machen Vertreter des SAR11-Genclusters 20 % der α-Proteobakterien aus. Die Rickettsiales stellen 12 %. In 4500 m Tiefe wird die Mehrzahl der α-Proteobakterien von Rickettsiales-Vertretern (60 %) gestellt. 5 % der α-Proteobakterien sind Vertreter des SAR11-Clusters. Bei 1500 m entfallen von den α-Proteobakterien 10 % auf das SAR11-Gencluster. Rickettsiales machen 22 % aus. Bei 100 m Tiefe ist ein Drittel der α-Proteobakterien dem SAR11-Gencluster zuzuordnen. Die Rickettsiales sind mit 11 % vertreten.

Das SAR11-Cluster weist keine tiefenspezische Verteilung auf. Vertreter der SAR11-Untercluster (SAR220, SAR193, SAR95) aus 5 m, 100 m, 1500 m und 4500 m zeigen aufgrund der phylogenetischen Beziehung eines 611 bp langen Fragments der 16S rDNA keine tiefenspezifische Unterscheidung (Anhang Abb. 2). Die freilebende Gemeinschaft zeigt innerhalb des SAR11-Clusters eine tiefenunabhängige Verteilung einzelner Untercluster. Vertreter des SAR95-Clusters, ein eher in den oberen Metern vorkommender SAR11-Untercluster, wurde in der vorliegenden Arbeit in allen vier untersuchten Tiefenhorizonten detektiert. Keiner der SAR11-Untercluster weist eine statistisch signifikante Varianz im Vorkommen über die Tiefe auf (Mann-Whitney Rang Summen Test).

In 5 m Tiefe kommt *Erythrobacter* vor. Diese Art macht 9 % der α-Proteobakterien aus. *Erythrobacter* konnte nur in 5 m Tiefe im Freiwasser detektiert werden. Dieses nicht motile Bakterium wird häufig in küstennahen Gewässern des Mittelmeers gefunden und ist aerob phototroph. Das Vorkommen von *Erythrobacter* an der Station N4 deutet auf terrestrischen Einfluss des Oberflächenwassers hin. In 100 m Tiefe wird es nicht mehr detektiert. Ein weiterer, in den Proben vorkommender Vertreter der α-Proteobakterien, ist besonders im Hinblick auf die Konstruktion des Neutrinoteleskopes sehr interessant. Es handelt sich um das -*Proteobakterium* PWB3, das Edelstahl korrodieren kann. Dieses Bakterium ist in der freien Wassersäule relativ selten zu finden. In 1500 m und 4500 m Tiefe können nur eine bzw. vier der generierten Sequenzen diesem α-Proteobakterium zugeordnet werden, während im Biofilm der Benthoskugel (Glas) dieses Bakterium 22,5 % der Gesamtheit der erhaltenen Sequenzen ausmacht. In 5 m und 100 m Tiefe wurde keine Sequenz mit einer Ähnlichkeit zu PWB3 gefunden. In 4500 m Tiefe finden sich Methylobakterien (methanotroph) in der Partikel-assoziierten Fraktion.

Die γ-Proteobakterien nehmen im Freiwasser von 5 m (10 %) auf 100 m (13 %) nur leicht zu, werden aber auf den Vorfiltern mit zunehmender Tiefe dominanter. Vertreter der

Ergebnisse

Alteromonadaceae sind auf den Vorfiltern in 1500 m und 4500 m Tiefe besonderes häufig anzutreffen. Machen Alteromonadaceae an der Oberfläche nur maximal 11 % aus (5 m), so stellen sie auf den Vorfiltern des Meso- und Bathypelagials über 70 % der γ-Proteobakterien. Die Gemeinschaft der Alteromonadaceae setzt sich in 1500 m aus 8 und in 4500 m aus 10 verschiedenen *Alteromonas* Arten zusammen. Das γ-Proteobakterium *Alteromonas macleodii* weist zwei unterscheidbare Ökotypen auf. *Alteromonas macleodii* kommt häufiger an der Oberfläche vor. *Alteromonas macleodii* „Deep-ecotype" konnte bisher nur in der Tiefsee nachgewiesen werden. In dieser Arbeit wurden beide Ökotypen in 4500 m gefunden. Der Anteil der Sequenzen, die mit dem *Alteromonas macleodii* „Deep-ecotype" Ähnlichkeit aufweisen, macht 14 % der γ-Proteobakterien dieser Tiefe aus. *Alteromonas macleodii* „Deep-ecotype" besitzt eine membrangebundene „uptake"-Hydrogenase und ist somit in der Lage, Wasserstoff zu oxidieren. Ob noch weitere *Alteromonas* Arten Hydrogenasen besitzen, ist noch nicht bekannt.

Die Vertreter anderer Proteobakterien machen nur einen marginalen Prozentsatz der Diversität aus. Die β-Proteobakterien kommen nur auf der Fraktion >5 µm in 5 m Tiefe mit 4 % vor. Die δ-Proteobakterien befinden sich hauptsächlich auf den Vorfiltern und stellen in 100 m und 1500 m Tiefe 7 % der Partikel-assoziierten Bakterien. In der freilebenden Gemeinschaft machen sie maximal 3 % der Arten aus (Bathypelagial). Im Epipelagial sind sie seltener freilebend (<1 %).

Synechoccocus ist die dominanteste Cyanobakterienart an der Oberfläche (5 m). Außer einer Sequenz von *Prochlorococcus* lassen sich alle cyanobakteriellen Sequenzen *Synechoccocus* zuordnen. Auf 100 m wurden nur Sequenzähnlichkeiten zu *Prochlorococcus* gefunden. In größeren Tiefen wurden vereinzelt andere Cyanobakterien auf den Hauptfiltern gezählt.

Vertreter der Planctomycetacia kommen auf Partikeln der Tiefen 100 m, 1500 m und 4500 m häufiger vor als im Freiwasser. In 100 m Tiefe dominieren Planctomycetales-Arten die Gemeinschaft der Bakterien auf Partikeln (39 %). Eine Ausnahme von dieser Beobachtung macht die Planctomycetacia Gemeinschaft in 5 m Tiefe. Sie wird hier sowohl im Freiwasser (9,5 %) als auch auf Partikeln (7 %) ähnlich oft gezählt. Viele Vertreter der Planctomyceten sind gestielte Bakterien, die sich mit ihrem Stiel an Oberflächen heften können. Planctomyceten weisen einen „Lebenszyklus" auf, bei dem bewegliche Schwärmerzellen sich an Oberflächen anlagern. Sie sind fakultativ aerobe Chemoorganotrophe, die durch Gärung oder Veratmung von Zuckern wachsen. Einige Arten können auch Ammonium oxidieren. Arten der Bakteroidetes sind im Oberflächenwasser stark vertreten. Sie machen hier 10 % der Artengemeinschaft des Freiwassers und 20 % der Partikel-assoziierten Arten aus. Ihr Anteil sinkt von 6 % in 100 m Tiefe bis ins Bathypelagial mit weniger als 1,4 %. Eine sehr ähnliche Verteilung über die Tiefe zeigen die Flavobakterien. Beide Klassen sind genetisch nah verwandt. Die Flavobakterien kommen in 5 m Tiefe (9 %) häufiger vor als in 100 m Tiefe (2 %). Ihr Vorkommen verteilt sich auf Vor- und Hauptfilter gleich. Sie sind aerobmikroaerophil. Flavobakterien verwenden hauptsächlich Glucose als Kohlenstoff- und

Energiequelle. Die Klasse der Bacteroidetes besteht dagegen aus anaeroben Arten, die saccharolytisch sind und Zucker vor allem zu Acetat und Succinat als Gärungsprodukt fermentieren. Sie kommen signifikant häufiger in Vorfilterproben als in Hauptfilterproben vor. Ursache für das gehäufte Vorkommen der Bacteroidetes auf dem Vorfilter könnte ein mikroanaerobes Klima in der Mitte von Partikeln sein.

Vertreter der Chloroflexi sind in allen Tiefen vorhanden. Allerdings ist ihr Vorkommen in 5 m und 100 m auf die freilebende Gemeinschaft beschränkt. Sie stellen in 100 m 1 % der Artenvielfalt. Mit zunehmender Tiefe steigt der Anteil der Chloroflexi auf den Vor- und Hauptfiltern an. In 1500 m Tiefe werden 14,5 % der Arten den Chloroflexi zugeordnet (Vor- und Hauptfilter). Der Anteil der Chloroflexi an der Diversität in 4500 m macht 6,5 % aus. *Chloroflexus*-Arten sind metabolisch vielfältig. Sie können anoxygene Photosynthese durch Oxidation von Schwefelwasserstoff oder Wasserstoff betreiben (Photoautotrophie). Allerdings erfolgt das phototrophe Wachstum am besten mit organischen Verbindungen (Photoheterotrophie). *Chloroflexus* wächst außerdem gut im Dunkeln als Chemoorganotropher durch aerobe Atmung, weswegen häufig *Chloroflexus* Arten in großen Tiefen gefunden werden.

Verrumicrobiales kommen in allen Tiefen sowohl auf den Vor- als auch auf den Hauptfiltern vor. Jedoch zeigen sie ihr Hauptvorkommen (ca. 15 %) auf dem Vorfilter in 100 m Tiefe. Vertreter der Verrumicrobiales sind saccharolytisch und fakultativ anaerob. Sie binden aufgrund der Ausbildung von Prosthecae (Ausstülpung des Cytoplasmas) gut an Partikeloberflächen.

Die prozentuale Verteilung der Klassen auf dem Vorfilter als auch dem Hauptfilter zeigen in 5 m Tiefe kaum Unterschiede (Abb. 5.42).

Ergebnisse

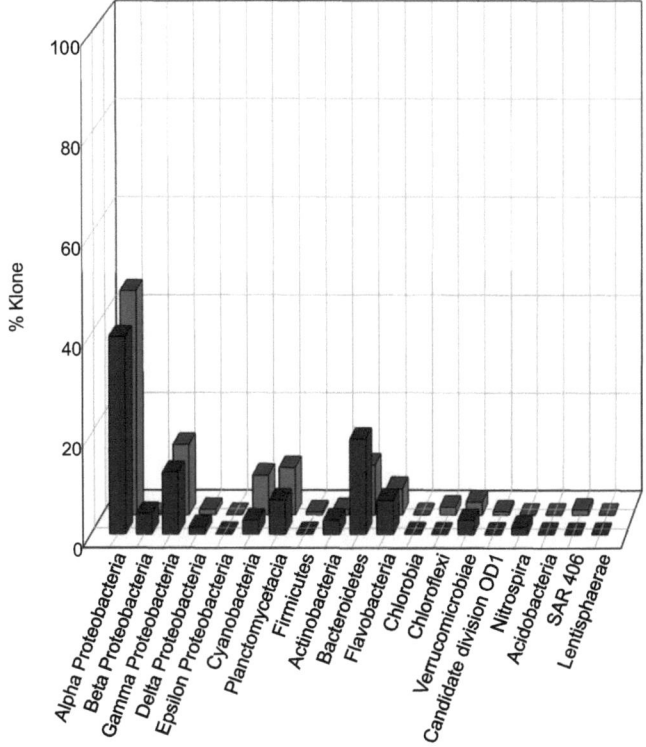

Abb. 5.42: Prozentuale Verteilung der 16S rDNA-Klone im Oktober 2008 an der Station N4 in 5 m Tiefe. Auflistung erfolgt nach Klassen und wird unterschieden in Vorfilter (dunkelblau) und Hauptfilter (hellblau).

Die -Proteobakterien sind in beiden Fraktionen dominant. Die Klassen der -Proteobakterien, Bakteroidetes/Flavobakteria-Gruppe und Planctomycetacia stellen ebenfalls einen, auf beiden Filtertypen ungefähr gleich häufig vorkommenden, großen Anteil an der bakteriellen Biozönose. Vertreter der -Proteobakterien kommen nur auf dem Vorfilter vor. In 100 m Tiefe ist die Verteilung der Klassen auf Vor- und Hauptfilter unterschiedlich (Abb. 5.43). Die Planctomycetacia sind in der Partikel-assoziierten Gemeinschaft dominant. Die Verrucomicrobia stellen dort ebenfalls viele Vertreter. Die -Proteobakterien sind in der freilebenden Fraktion dominant. Die -Proteobakterien sind die zweithäufigste Klasse. Der Anteil der Bakteroidetes/Flavobakteria-Gruppe ist im Freiwasser stark zurückgegangen.

Ergebnisse

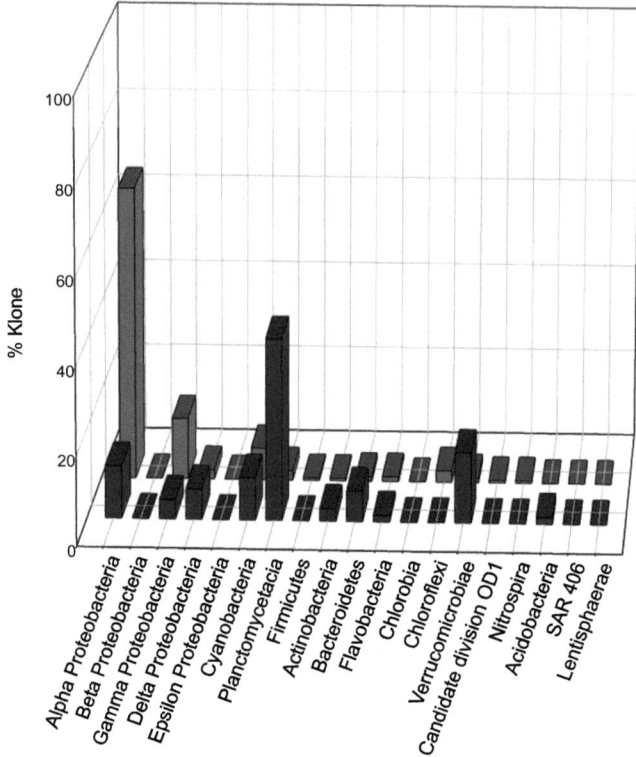

Abb. 5.43: Prozentuale Verteilung der 16S rDNA-Klone im Oktober 2008 an der Station N4 in 100 m Tiefe. Auflistung erfolgt nach Klassen und wird unterschieden in Vorfilter (dunkelblau) und Hauptfilter (hellblau).

In 1500 m Tiefe zeigt die freilebende Gemeinschaft der Bakterien in der quantitativen Verteilung der Klassen kaum Unterschiede zu der Tiefe 100 m (Abb. 5.44). Die Klassen der -Proteobakterien und -Proteobakterien sind dominant. Die Verteilung der Partikel-assoziierten Bakterienklassen zeigt zu 100 m Tiefe jedoch eine Änderung. Die -Proteobakterien sind dominant. Planctomycetacia und -Proteobakterien stellen einen etwa gleich großen Anteil an der Lebensgemeinschaft der Partikel.

Ergebnisse

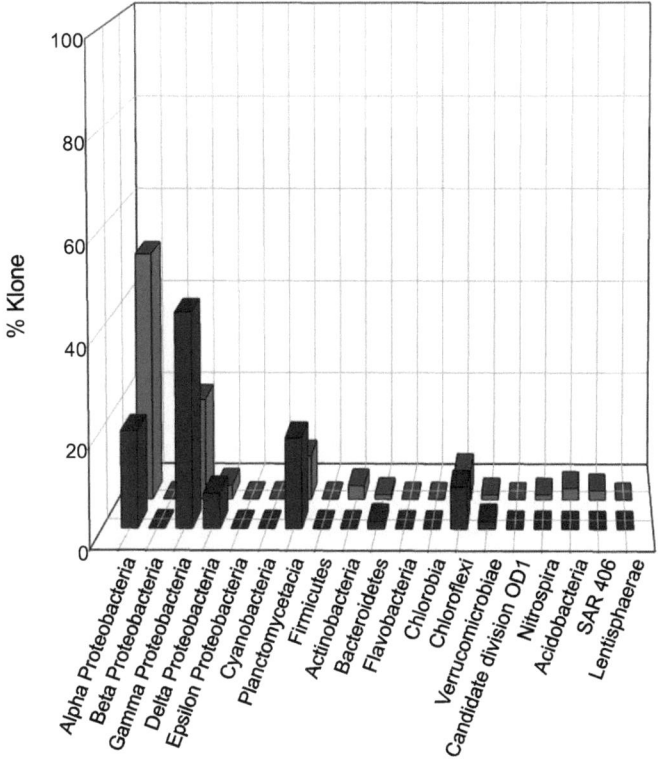

Abb. 5.44: Prozentuale Verteilung der 16S rDNA-Klone im Oktober 2008 an der Station N4 in 1500 m Tiefe. Auflistung erfolgt nach Klassen und wird unterschieden in Vorfilter (dunkelblau) und Hauptfilter (hellblau).

Die -Proteobakterien sind in 4500 m auf den Partikeln dominant (Abb. 5.45). Neben dieser Klasse sind noch Vertreter der Klassen Planctomycetacia und -Proteobakterien in größeren Quantitäten detektierbar.

Ergebnisse

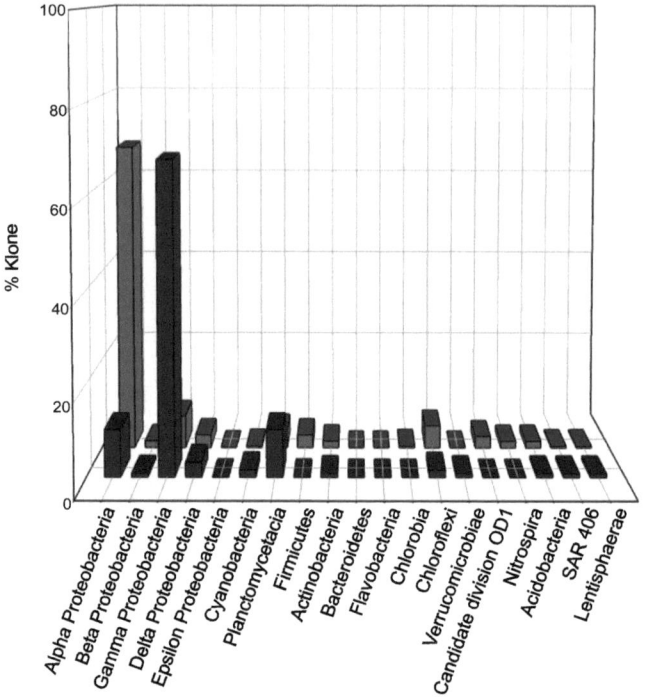

Abb. 5.45: Prozentuale Verteilung der 16S rDNA-Klone im Oktober 2008 an der Station N4 in 4500 m Tiefe. Auflistung erfolgt nach Klassen und wird unterschieden in Vorfilter (dunkelblau) und Hauptfilter (hellblau).

Die fraktionelle Betrachtung der Bakterienklassen macht deutlich, dass die Dynamik der Partikel-assoziierten Gemeinschaft größer ist als die der freilebenden Biozönose. In Tiefen, größer als 1500 m, sind in der Partikel-assoziierten Gemeinschaft die -Proteobakterien dominant.

5.12.3 Vorkommen und Diversität der Archaea im Calypso Deep

Untersucht wurde die archaeale Diversität mittels 16S rDNA-Klonierung an der Station N4 in verschiedenen Tiefen. Archaea konnten in allen Tiefen auf den Hauptfiltern identifiziert werden (Abb. 5.46). Besonders häufig werden Crenarchaea nachgewiesen. Sie stellen in allen Tiefen die Hauptgruppe dar. Ihr Anteil in der freilebenden Gemeinschaft liegt in allen Tiefen über 60 %.

In 100 m Tiefe konnten auf dem Vorfilter ebenfalls Archaea gefunden werden. Jedoch gehören diese Vertreter nicht den Crenarchaea an, sondern ausschließlich den Euryarchaea der Gruppe II und III. Tatsächlich kommen Vertreter der Gruppe III Euryarchaea nur in der

Ergebnisse

partikulären Fraktion in 100 m Tiefe vor. Gruppe II Euryarchaea bilden in dieser Fraktion mit 89 % die dominanteste Gruppe. Bei 100 m im Freiwasser stellen die Crenarchaea abermals die Hauptfraktion mit 74 %. Euryarchaea Gruppe II kommen zu 26 % vor. Es wurden Sequenzähnlichkeiten (≥97 %) zu pazifischen, atlantischen, arktischen, antarktischen und mediterranen Archaea aus dem Freiwasser und aus Sedimenten oder hydrothermalen Quellen ermittelt.

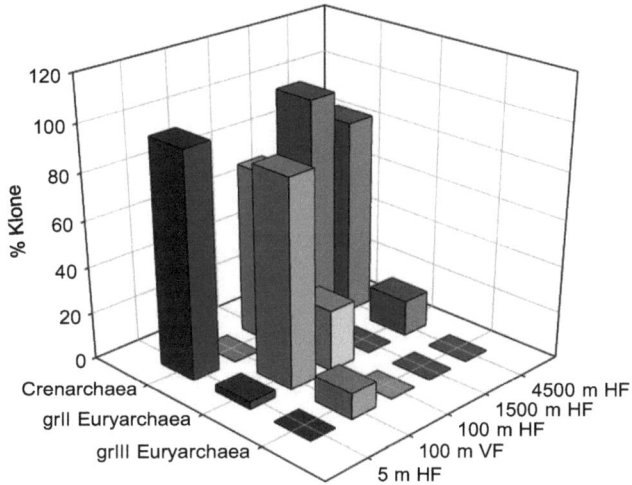

Abb. 5.46: Prozentuale Verteilung archaealer 16S rDNA-Klone an der Station N4 in vier Tiefen (Hauptfilter und Vorfilter).

5.12.4 Berechnung der Diversität mittels „Rarefraction"-Analyse

Bei dieser Methode der Berechnung der tatsächlichen Diversität einer Probe werden die generierten Sequenzen aufgrund ihrer zuvor definierten Minimum-Ähnlichkeit kumulativ operationellen taxonomischen Einheiten (eng. OTU) zugeordnet. Iterative Sequenzen werden also zu einer OTU summiert und so kommt es mit steigender Anzahl generierter Sequenzen zu einem waagerechten asymptotischen Verlauf der resultierenden Kurve. Bei ausreichend hoher Sequenzzahl wird man also in einen Bereich der Sättigung kommen. In dieser Arbeit wird die Artgrenze bei 97 % Sequenzähnlichkeit festgesetzt.

In dem Seegebiet weist die freilebende Gemeinschaft des Oberflächenwassers (5 m) eine bakterielle Diversität von 76 OTU auf, die aus den generierten Sequenzen ermittelt wurden (Abb. 5.47A). Die Probe aus 100 m Tiefe erzeugt 65 unterscheidbare freilebende OTU. Für die Probe aus 1500 m Tiefe ergeben sich bei der „Rarefraction"-Analyse 84 OTU. Der Kurvenverlauf nähert sich dem waagerechten Verlauf der zu erwartenden Asymptote. Die bakterielle Diversität auf 4500 m Tiefe (Freiwasser) resultiert in 74 OTU. Keine der Kurven ist in der Sättigung. Die Artenvielfalt in 100 m Tiefe ist signifikant kleiner als in den anderen

Ergebnisse

drei Tiefen. Der Artenreichtum der Tiefen 5 m, 1500 m und 4500 m unterscheidet sich nicht signifikant. Die Partikel-assoziierte Diversität nimmt über die Tiefe signifikant ab (Abb.5.47B). Die Diversität in 100 m ist ungefähr so gering wie in 4500 m und stellt damit eine Ausnahme in der kontinuierlichen Abnahme der Diversität der Partikel-assoziierten Gemeinschaften.

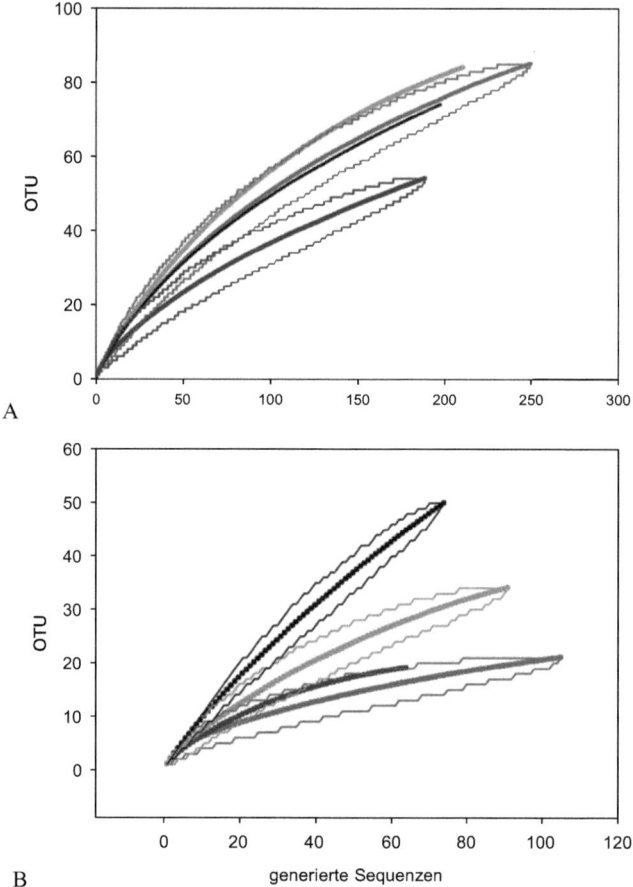

Abb. 5.47: Rarefraction-Analyse mit den erstellten 16S rDNA-Sequenzen zur Berechnung der erfassten Diversität der bakteriellen Gemeinschaft einer Tiefe. A) freilebende und B) Partikel-assoziierte bakterielle Gemeinschaften. Die Sequenzen des Vorfilters und des Hauptfilters sind zusammengefasst. Die Tiefen sind farblich markiert: 5 m (schwarz), 100 m (blau), 1500 m (grün) und 4500 m (rot). Konfidenzintervalle (95 %) sind angegeben.

Ergebnisse

Die erfasste Diversität auf den Hartsubstraten ist in Abbildung 5.48 dargestellt. Die höchste Artenvielfalt lässt sich auf Glas (dunkelrot) und auf Stahl (orange) nachweisen. Die erhobenen Daten lassen keinen signifikanten Unterschied in dem Artenreichtum auf den beiden Materialien erkennen. Es wurden 84 Klone von der Glasprobe erstellt, die eine Aufteilung der Sequenzen in 34 OTU zulassen. Die Aufteilung der Proben des Stahls ergeben 26 OTU bei 52 generierten Klonen. Auf der Oberfläche des Releasers siedelten sich signifikant weniger Arten an als auf den anderen beiden Substraten. Von dieser Probe wurden 72 Klone erstellt, die sich in 10 OTU gliedern.

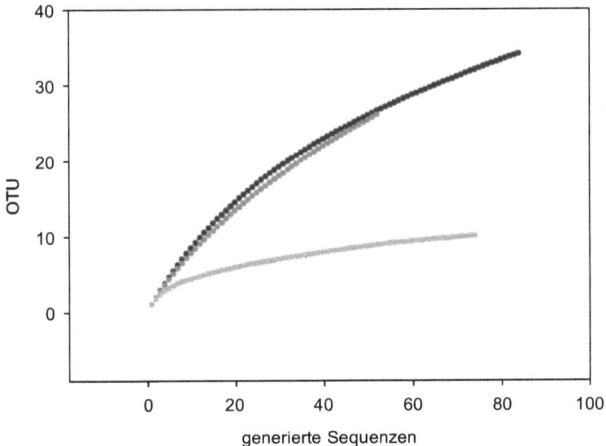

Abb. 5.48: Rarefraction-Analyse mit erstellten 16S rDNA-Sequenzen zur Berechnung der erfassten Diversität der bakteriellen Gemeinschaft auf Glas (dunkelrot), Stahl (orange) und Edelstahl (gelb).

Die Archaea zeigen eine geringe Artenvielfalt in den untersuchten Tiefen (Abb. 5.49). Es wurden auf 5 m Tiefe 37 Klone erzeugt und diese gruppieren sich in neun OTU (schwarz). In 100 m Tiefe erzeugen 29 Klone 10 OTU (blau). In 1500 m Tiefe sind 22 Klone generiert und 4 OTU zugeordnet worden (grün). In 4500 m Tiefe konnte die Archaeagemeinschaft bis in die Sättigung beprobt werden. Es lassen sich 13 OTU (rot) unterscheiden. Keine der anderen analysierten Archaeagemeinschaften wurde bis in die Sättigung analysiert, jedoch erkennt man bei den Proben aus 5 m und aus 100 m Tiefe eine deutliche Annäherung an die Asymptote.

Eine Schätzung der erwarteten Diversität einzelner Tiefen wurde in dieser Arbeit nicht durchgeführt. Es existieren zahlreiche parametrische und nicht-parametrische Methoden zur Berechnung der erwarteten Diversität einer Probe (Hill et al., 2003; O'Hara, 2005; Schloss und Handelsman, 2005). Die verschiedenen Verfahren berechnen unterschiedliche zu

Ergebnisse

erwartende Diversitäten (O'Hara, 2005). Ungeachtet des verwendeten Verfahrens bleibt bei der Berechnung der erwarteten Diversität der geschätzte Wert des Artenreichtums immer abhängig von der Größe der zugrundeliegenden Klonbibliothek (Dunbar et al., 2002; Roesch et al., 2007). Theoretisch kann dieses Problem dadurch behoben werden, dass ein großer Datensatz erstellt wird. Jedoch konnten Youssef und Elshahed (2008) zeigen, dass der errechnete Wert der zu erwartenden Diversität mit dem Anstieg des Probenumfangs ebenfalls stetig wächst. Zurzeit existieren keine verlässlichen Methoden zur Berechnung der tatsächlichen zu erwartenden Diversität einer Probe.

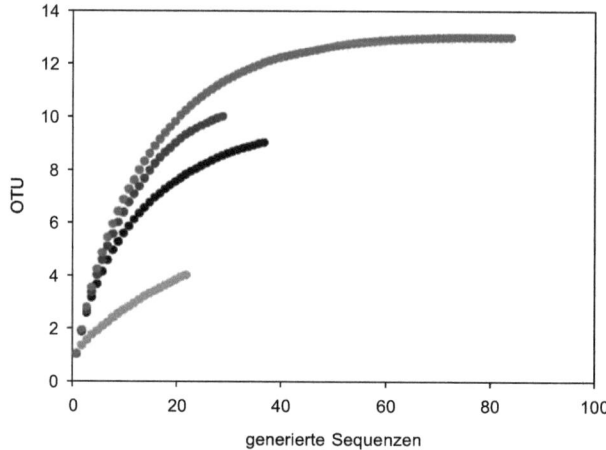

Abb. 5.49: Rarefraction-Analyse mit den erstellten 16S rDNA-Sequenzen der Archaea zur Berechnung der erfassten Diversität. Die Sequenzen des Vorfilters und des Hauptfilters sind zusammengefasst: 5 m (schwarz), 100 m (blau), 1500 m (grün), 4500 m (rot).

5.12.5 Tiefenverteilung der gefundenen Arten

Die Artenvielfalt in jeder untersuchten Tiefe lässt sich deutlich in freilebend und Partikel-assoziiert unterscheiden. Die folgende prozentuale Betrachtung bezieht sich auf die Anzahl Partikel-assoziierter OTU, die auch im Freiwasser detektiert werden. In allen Tiefen ist die Anzahl der Partikel-assoziierten OTU, die sich sowohl im Freiwasser als auch auf Partikeln befinden, nicht größer als 40 % (Abb. 5.50A). Es gibt allerdings Tiefen, in denen der Anteil dieser OTU deutlich geringer ist. In den Tiefen 100 m und 4500 m ist der gemeinsame Anteil der Partikel-assoziierten und freilebenden Gemeinschaft ca. 15 - 20 % (3 bis 4 OTU). Die Partikel werden demnach von Bakterienarten besiedelt, die im Freiwasser selten vorkommen. Unter den kolonisierenden Arten existieren solche, die opportunistisch Partikel besiedeln und prozentual dort etwas häufiger vorkommen als im Freiwasser und es finden sich Arten, die scheinbar zwingend Partikel besiedeln und dort dominant sind. So machen auf den Vorfiltern

Ergebnisse

aus 5 m Tiefe 90 % der Arten je einen Anteil von 1 - 3 % aus und 10 % der Arten stellen zwischen 5 % und 10 % der gesamten Bakterien. Ein Vertreter der Bakteroidetes ist auf 5 m sowohl im Freiwasser als auch auf den Partikeln dominant.

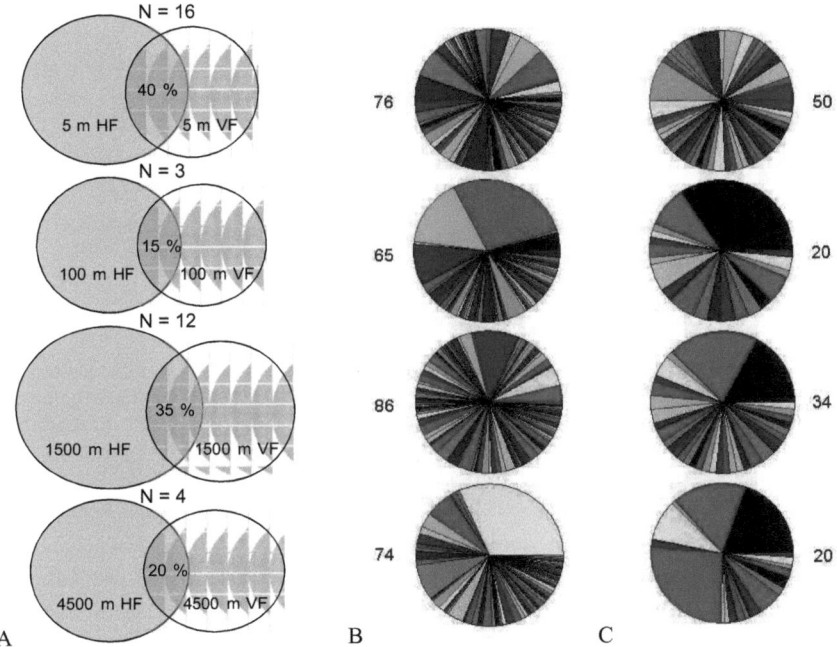

Abb. 5.50: A) Darstellung der prozentualen Anteile der errechneten Schnittmenge der Bakterien zwischen Haupt- und Vorfilter in den untersuchten Tiefen. Die Größe der Kreise gibt annähernd die Diversität in gefundenen OTU wieder. Anzahl (N) gibt die Schnittmenge der OTU an. B) Absolute Anzahl (Zahlen neben den Kreisdiagrammen) der errechneten OTU proportional ihres Vorkommens auf den Hauptfiltern dargestellt. Tiefenhorizonte wie bei A. C) Absolute Anzahl der errechneten OTU der Vorfilter. Farbliche Aufteilung der OTU ist nicht OTU-spezifisch. OTU sind bei ≥97 % Sequenzähnlichkeit definiert.

Auf den Vorfiltern aus größeren Tiefen setzen sich einige wenige Arten durch, sodass auf 100 m eine Art (Planctomycetales) ca. 35 % der gesamten Population ausmacht. In 1500 m Tiefe sind zwei Arten (beide Alteromonaceae) jeweils mit ca. 20 % dominant und in 4500 m kommen 3 Arten (*Alteromonas* sp., *Alteromonas macleodii* „Deep-ecotype" und ein weiteres -Proteobakterium) mit je ca. 20 % vor. Die auf einer Tiefe dominanten Arten der Partikel-assoziierten Fraktion kommen in den anderen Tiefen entweder nur sehr gering oder gar nicht vor. Eine Art (*Alteromonas macleodii*) kommt in 1500 m und auch auf 4500 m häufig vor (20 % und 10 %). Die Partikel-assoziierten Populationen zeigen 4 % bis 10 %

Ergebnisse

Übereinstimmung über das Tiefenprofil. Das entspricht 2 identischen (ubiquitär vorkommenden) Arten (Abb. 5.51A). Eine dieser Arten kann als eine *Alteromonas* sp. identifiziert werden.

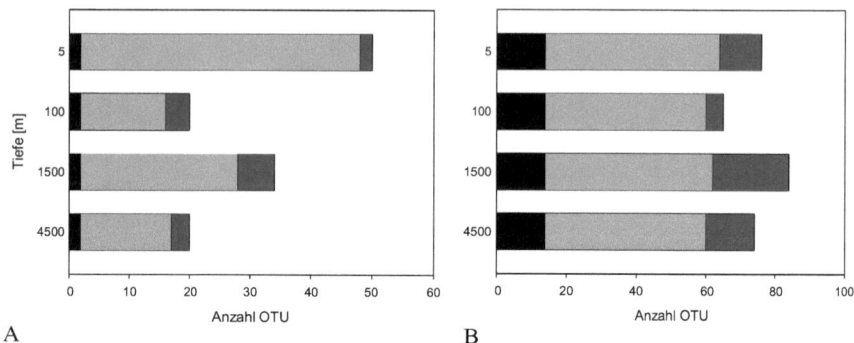

Abb. 5.51: Analyse der Tiefenverteilung der detektierten OTU. A) Anzahl der auf einer Tiefe gefundenen Partikel-assoziierten OTU. B) Anzahl der auf einer Tiefe gefundenen freilebenden OTU. In allen Tiefen präsente OTU sind schwarz, tiefenabhängig vorkommende OTU hellgrau, und in verschiedenen Tiefen detektierte OTU grau markiert.

Zwischen 15 % und 20 % (14 OTU) der freilebenden bakteriellen Arten konnten in allen untersuchten Tiefen detektiert werden (Abb.5.51B). Die bakterielle Artenübereinstimmung der Hauptfilter umfasst zwischen den Populationen des Epipelagials 16 übereinstimmende OTU und zwischen den Populationen in 100 m und 1500 m Tiefe 18 identische OTU. Die Übereinstimmung der freilebenden Bakterien zwischen den Tiefen 1500 m und 4500 m liegt bei 26 OTU. 16 OTU wurden in der Freiwasserfraktion der beiden Tiefen 5 m und 4500 m übereinstimmend gefunden. Dennoch zeigt das Ergebnis, dass die Gruppe der tiefenspezifischen OTU in allen untersuchten Tiefen den größten Anteil der Diversität bildet. Dieses Ergebnis zeigt eine klar definierte Tiefenunterscheidung der bakteriellen Lebensgemeinschaften. Eine große Anzahl Partikel-assoziierter Arten wird stetig neu aus dem umgebenden Freiwasser rekrutiert.

Die Population des Stahls (4380 m) zeigt 10 % Übereinstimmung (3 Arten) mit der Partikel-assoziierten Population und 7 % (2 Arten) mit den freilebenden Arten in 4500 m Tiefe (Abb. 5.52A). Die Anteile der Freiwasser- und Partikelgemeinschaft an der auf dem Glas siedelnden Gemeinschaft liegen bei entsprechend 4 % (1 Art) und 11 % (3 Arten). Auf dem Edelstahl-Releaser können 10 % der Arten auch im Freiwasser gefunden werden. Es besteht keine Artübereinstimmung mit der Partikel-assoziierten Gemeinschaft in dieser Tiefe. Die Anzahl der errechneten OTU sind in Abbildung 5.52B zu sehen.

Ergebnisse

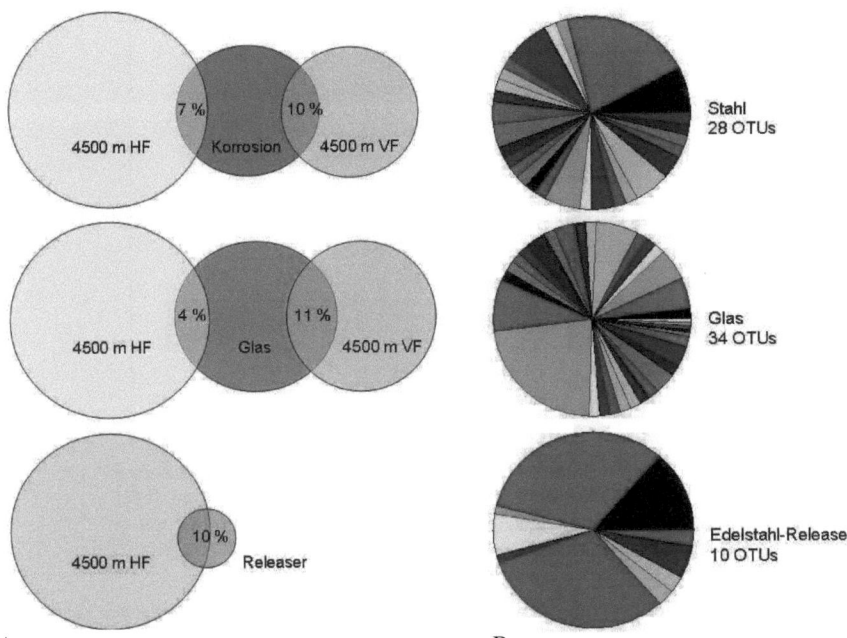

Abb. 5.52: A) Darstellung der errechneten Schnittmenge (Prozent) der Bakterien zwischen Haupt-/Vorfilter und künstlichen Substraten. Keine proportionale Größendarstellung der Schnittmengen. B) Absolute Anzahl der errechneten OTU proportional ihres Vorkommens auf den Substraten. Farbliche Aufteilung der OTU ist nicht OTU-spezifisch.

Auf dem Stahl siedelt eine Art, die auch auf dem Edelstahl-Releaser zu finden ist. Es handelt sich um die Sequenz eines putativen Schwefel-oxidierendes -Proteobakteriums. Die Populationen des Glases und des Stahls zeigen 2 gemeinsame Arten. Auch hier findet sich das bereits auf dem Edelstahl-Releaser gefundene putative Schwefel-oxidierende -Proteobakterium. Die andere übereinstimmende Sequenz kann einem -Proteobakterium zugeordnet werden. Der Anteil der Arten, die nur im Biofilm detektierbar sind, aber zweifelsohne aus dem Freiwasser rekrutiert werden, liegt bei ungefähr 80 - 90 %.

Bei den Archaea sind die meisten gefundenen Arten freilebend. Nur auf 100 m Tiefe kommen Archaea auch in der Vorfilterfraktion vor. Interessant ist, dass auf 100 m Tiefe die Partikel-assoziierte archaeale Population, genauso wie die der Freiwassergemeinschaft, die geringste Übereinstimmung der Arten mit anderen Tiefen im gesamten Profil zeigt (prozentual betrachtet). Abbildung 5.53 verdeutlicht, dass es zwei ubiquitäre, archaeale OTU gibt.

Ergebnisse

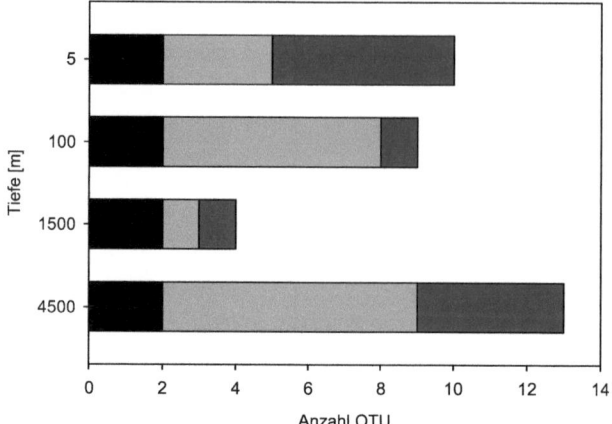

Abb. 5.53: Analyse der Tiefenverteilung der detektierten archaealen OTU im Freiwasser. In allen Tiefen präsente OTU sind schwarz, tiefenabhängig vorkommende OTU hellgrau und in verschiedenen Tiefen detektierte OTU grau markiert.

In 5 m Tiefe und 100 m Tiefe wurden 3 gemeinsame OTU ermittelt. Zwischen den Tiefen 1500 m und 4500 m konnten ebenfalls 3 gemeinsame OTU detektiert werden. Die Archaea an der Oberfläche weisen 6 OTU mit der Archaea-Gemeinschaft in 4500 m Tiefe auf.

5.12.6 Potenzielle neue Arten

Unter den ermittelten Arten finden sich sowohl bei den Bakterien als auch bei den Archaea in den einzelnen Tiefen neue Arten. Als Artdefinition dient eine Divergenz der Nukleotidsequenzen von über 3 %. Die erhaltenen bakteriellen 16S rDNA-Sequenzen sind durchschnittlich 670 Basenpaare lang. Dies entspricht ca. der halben Länge der 16S rDNA. Die forward und reverse Sequenzen überschneiden sich daher nicht oder nur minimal. In jedem Fall ist die Überschneidung nicht ausreichend für die Bildung von Contigs.

Bei den Archaea konnten 16S rDNA-Sequenzen mit einer Länge von ca. 915 bp aus der Erstellung von Contigs gewonnen werden. Diese Consensus-Sequenz gibt allerdings noch nicht die gesamte Länge der archaealen 16S rDNA wieder (ca. 1500 bp). Die erhaltenen Sequenzen sowie die erstellten Consensus-Sequenzen wurden mit dem Programm „Check Chimera" des Ribosomal Database Project II manuell auf Chimerenbildung analysiert. Nur Sequenzen, die keine Chimeren bilden, wurden im Folgenden als neue Arten betrachtet (Cole et al., 2003).

Insgesamt wurden drei neue Archaea gefunden. In der Crenarchaea Gruppe I konnten 2 neue Arten detektiert werden. In 5 m und 4500 m Tiefe wurde je ein neuer Vertreter der

Ergebnisse

Crenarchaea Gruppe I ermittelt. Ein neuer Vertreter der Euryarchaea Gruppe II wurde in 4500 m detektiert.

Tabelle 5.3: Auflistung der archaealen Diversität aller Arten sowie der neu entdeckten Arten. Die Gruppenzugehörigkeit neuer Arten ist fett gedruckt.

Tiefe [m]	Diversität [Arten]	Neue Arten [< 97 %]	Crenarchaea Gruppe I	Euryarchaea Gruppe II	Euryarchaea Gruppe III
5 m Hauptfilter	10	1	**9**	1	0
100 m Vorfilter	6	0	1	4	1
100 m Hauptfilter	7	0	4	3	0
1500 m Hauptfilter	4	0	4	0	0
4500 m Hauptfilter	7	2	**6**	**1**	0

Bei den Bakterien wurden 80 neue Sequenzen gefunden. Aufgrund der Länge der Sequenzen und der Tatsache, dass die amplifizierten 16S rDNA-Fragmente bidirektional in den Vektor eingefügt werden können, stellen die 80 Sequenzen mindestens 40 neue Arten dar. Abweichungen in der Gesamtzahl der in Tabelle 5.4 dargestellten Arten basieren auf doppelt vorkommenden Arten in unterschiedlichen Tiefen. 7 unidentifizierte Sequenzen wurden mit Hilfe des Referenzstammbaums einzelnen Klassen zugeordnet. Die neuen Arten spiegeln annähernd die gefundene Diversität dieses Seegebiets wider.

Tabelle 5.4: 16S rDNA-Sequenzen, die unter 97 % Sequenzähnlichkeit mit bei NCBI hinterlegten Sequenzen aufweisen.

Klassen	5 m HF	5 m VF	100 m HF	100 m VF	1500 m HF	1500 m VF	4500 m HF	4500 m VF	Glas	Stahl	Gesamtzahl
-Proteobakteria	3	7	8				2		3	1	16
-Proteobakteria		1									1
-Proteobakteria	1		1	2		2	1		1		6
-Proteobakteria			1	2	1	1	2	1	1	2	9
Cyanobakteria	1		1								2
Chloroflexi	2						4			1	6
Nitrospira					1						1
Actinobakteria			1								1
Flavobakteria	2		1								3
Acidobakteria	3				3		3				10
Chlamydiae	1										1
Verrucomicrobiae	1	1					1				3
Bakteroidetes	2	5									7
Planctomycetacia	2		1	1	5	4	3		1	3	14

6 Diskussion

In dieser Arbeit wurde zum einen die Eignung des Gebiets für die Installation eines Neutrino-Teleskops im Hinblick auf biologische Parameter, wie das Aufkommen des organischen Materials und der prokaryotischen Zelldichte, untersucht. Die Frage nach den entstehenden Wechselwirkungen zwischen der biotischen Umwelt und dem Neutrino-Teleskop lässt sich nur aufklären, wenn neben den quantitativen Angaben auch die Diversität der prokaryotischen Lebensgemeinschaften erfasst wird. Das Potenzial einzelner Prokaryoten mit dem Betrieb eines Neutrino-Teleskops zu interferieren, reicht von biolumineszenten Störsignalen über korrosive Wirkungen durch die Stoffwechseltätigkeit einzelner Arten bis zum Potenzial, Biofilm auszubilden, der zur Abschwächung des Messsignals führen könnte.

Zum anderen ist die prokaryotische Diversität des Untersuchungsgebiets bisher noch nicht aufgenommen worden. Mit der tiefsten Stelle im Hellenischen Graben und damit im gesamten Mittelmeer, mit einer relativ hohen Wassertemperatur, die selbst in einer Tiefe von 5189 m noch deutlich über 13 °C liegt, ist das Probennahmegebiet geeignet, die Verteilung einzelner Prokaryotenklassen und eventuell einzelner Arten, unabhängig von der Temperatur, über ein weites Tiefenprofil zu untersuchen. Um ein möglichst umfassendes Bild des Artenreichtums zu erhalten, wurden in dieser Arbeit eine 16S rDNA-Klon-Bibliothek aus vier Tiefenhorizonten erstellt und biotische sowie abiotische Parameter analysiert.

6.1 Temperatur und Salinität

Da kaltes polares Tiefenwasser nicht über die Schwelle von Gibraltar in das Mittelmeer fließt, weist dieses außergewöhnlich hohe Wassertemperaturen auf, die 13 °C nicht unterschreiten (Robinson et al., 2001). Mit der Bildung des „Levantine Intermediate Water" (LIW) und eigener Tiefenwasserbildung in der Adria und in der Ägäis weist das Mittelmeer eine selbstständige thermohaline Zirkulation auf (Abb. 3.2). Die Ergebnisse zeigen, dass in dem Untersuchungsgebiet die Temperatur des Oberflächenwassers einem saisonalen Wechsel unterliegt, mit höheren Temperaturen im Herbst (ca. 23 °C) und niedrigeren im Frühjahr (16 °C). Die Salinität zeigt in 100 m Tiefe auch einen saisonalen Verlauf. Da die Parameter Temperatur und Salinität die Dichte des Wassers beeinflussen, kommt es im Jahresverlauf zu einem Wechsel der Wassermassen an der Oberfläche. Im Herbst befindet sich der „Atlantische Ionische Strom" (AIS) in Tiefen um 100 m. Darüber schichtet sich salineres, aber wärmeres „Levantine Surface Water" (LSW). Im Frühjahr besitzt der AIS geringere Dichten und drängt nach oben. Das „Levantine Intermediate Water" (LIW) besetzt ganzjährig eine Tiefe um 600 m. Die hydrographischen Parameter des Meso- und Bathypelagials unterliegen keiner saisonalen Variabilität. Die Temperaturen zeigen nur im Epipelagial saisonale Unterschiede.

Diskussion

6.2 Variabilität der Nährstoffe und des organischen Materials

Die Separation des Epipelagials von dem Meso- und Bathypelagial spiegelt sich auch in den Konzentrationen der anorganischen Nährstoffe Nitrat und Phosphat sowie des organischen Materials wider (Abb. 5.6 und folgende). Während die Konzentrationen dieser Nährstoffe, besonders des Phosphats, an der Oberfläche nahezu erschöpft sind, steigen sie in Tiefen von ca. 50 m bis 200 m, je nach Saison, rapide an (Mc Gill, 1965; Souvermezoglou und Krasakopulou, 1999). In diese Tiefe fällt auch das Deep Chlorophyll Maximum (80-100 m) und bedingt das Sauerstoffmaximum (Abb. 5.7). Im Meso- und Bathypelagial sind die Konzentrationen konstant. Die Nitrat- und Phosphatkonzentrationen der untersuchten Stellen unterliegen keinen eindeutigen saisonalen Variationen. Um hierüber eine generelle Aussage treffen zu können, müsste allerdings eine zeitlich höhere Auflösung erreicht werden. Eine Unterscheidung in neritische Zone (N1/N2) und ozeanische Zone (N4/N5) ist zu beiden untersuchten Zeitpunkten deutlich zu erkennen. Dieser Unterschied ist im Frühjahr ausgeprägter als im Herbst (Abb. 5.12/13). Für die Nitrat- und Phosphatwerte der neritischen Stationen ist diese Unterscheidung saisonal signifikant. Die Nährstoffkonzentrationen sind im Meso- und Bathypelagial extrem gering im Gegensatz zu anderen Meeresgebieten, wie z. B. dem Nord-Ost-Atlantik, aber auch dem westlichen Mittelmeer. Im westlichen Mittelmeer sind die Nitrat- und Phoshatwerte (NO_3^-: 8,0 µmol/l; PO_4^{3-}: 0,4 µmol/l) in Tiefen größer 1000 m ungefähr zweimal höher als im Untersuchungsgebiet dieser Arbeit (NO_3^-: 4,4 µmol/l; PO_4^{3-}: 0,22 µmol/l). Im Golf von Biskaya (NO-Atlantik) betragen die Werte für Nitrat und Phosphat ungefähr das drei- bis vierfache der in der vorliegenden Arbeit ermittelten Werte (Aminot und Kérouel, 2004). Die Oberflächenkonzentrationen sind in allen Studien und in dieser Arbeit ähnlich gering.

Das partikuläre organische Material nimmt in seiner Konzentration vom Epipelagial zum Bathypelagial signifikant ab. Die POC-Konzentration ist in Bezug zur westlichen Sargassosee ebenfalls extrem gering. Während in der Sargassosee in der photischen Zone durchschnittlich 390 µmol C l^{-1} gemessen wurden (Malone et al., 1993), sind es in der Ionischen See 6,0 µmol C l^{-1}. Selbst im westlichen Mittelmeer beträgt die durchschnittliche jährliche POC-Konzentration 29 µmol C l^{-1}.

Der partikuläre Kohlenstoff zeigt, genauso wie die Nährstoffe, einen terrestrischen Einfluss, der an den neritischen Stationen besonders ausgeprägt ist mit im Frühjahr leicht höheren Konzentrationen (Abb. 5.15). In der Ionischen See wird im Winter eine erhöhte Konzentration des partikulären organischen Materials entsprechend der erhöhten Flusseinträge gemessen (Karageorgis und Stravrakakis, 2005). Die in der vorliegenden Studie gemessenen Daten spiegeln im Frühjahr noch die winterlichen Einträge wider. Der terrestrische Einfluss ist in Küstengebieten mit einem schmalen Kontinentalschelf ausgeprägter als in „off-shore" Gebieten (Karageorgis und Stravrakakis, 2005). Die Konzentration des gelösten organischen Stickstoffs (DON) zeigt ein ähnliches Tiefenprofil wie die PON-Werte, ebenfalls ohne eine klare Saisonalität aufzuweisen. Der gelöste

organische Stickstoff nimmt im Verlauf des Profils ab. Im Bathypelagial betragen die Konzentrationen des westlichen Mittelmeers und des NO-Atlantiks ca. das Siebenfache (Aminot und Kérouel, 2004) der gemessenen Konzentration im Untersuchungsgebiet.
Diese Ergebnisse machen den extrem oligotrophen Charakter des Untersuchungsgebiets und die Unterscheidung in nritische und ozeanische Region deutlich.

6.3 Variabilität der Bakteriendichte

Die Unterteilung in neritische und ozeanische Zone ist besonders bei den Bakterienzellzahlen zuerkennen. Die Zellzahlen im Epipelagial sind an den küstennahen Stationen sowohl im Frühjahr als auch im Herbst signifikant höher als bei den „off-shore" Stationen.
Während im Untersuchungsgebiet die saisonalen Variationen der Nährstoffe nicht so stark ausgeprägt sind, zeigen die vertikalen Variationen deutliche Unterschiede. Wie aus den Ergebnissen dieser Arbeit und aus anderen Studien hervorgeht, ist das östliche Mittelmeer extrem oligotroph und besonders phosphatlimitiert (Krom et al., 1991; Thingstad und Rassoulzadegan, 1995). Aus diesem Grund variiert die Primärproduktion im Jahresgang kaum (Gotsis-Skretas et al., 2001). Die über die oberen 50 m integrierte Primärproduktion ist im Frühjahr mit ca. 0,13 mg C $*m^{-3}*h^{-1}$ im Mittel höher als im Herbst (0,08 mg C $*m^{-3}*h^{-1}$) (Gotsis-Skretas et al., 2005). Das jährliche Mittel der Primärproduktion, von der Oberfläche bis zur unteren Schicht des DCM, beträgt für das östliche Mittelmeer 151 mg C m^{-2} d^{-1} (Turley et al., 2000). In der Nordsee (Dogger Bank) beträgt die tägliche, über die gesamte Wassersäule integrierte Primärproduktion 424 mg C m^{-2} (Weston et al., 2005). Die in dieser Arbeit ermittelten geringen Konzentrationen der Nährstoffe und die erhöhte Konzentration des partikulären organischen Materials im Epipelagial, im Vergleich zum Bathypelagial, sind auf die biologische Aktivität in der photischen Zone zurückzuführen. Die Bakteriendichte ist im östlichen Mittelmeer vollständig von der Primärproduktion abhängig (Turley et al., 2000). Deshalb sind die Bakterienzahlen mit dem gelöstem und dem partikulärem organischen Material positiv korreliert. Dass partikuläres organisches Material als Nährstoffquelle für heterotrophe Bakterien eine fundamentale Rolle spielt, zeigen Messungen der extrazellulären Enzyme wie u. a. Glucosidasen und Chitobiasen auf Partikeln in Abhängigkeit von der Tiefe (Karner und Herndl, 1992; Lochte et al., 1999; Herndl et al., 2008; Baltar et al., 2009). Die zellspezifische Aktivität nimmt mit der Tiefe sowie dem Alter des Partikels zu und führt zu einer erhöhten Umsetzung von POM zu DOM (Karner und Herndl, 1992; Smith et al., 1992; Baltar et al., 2009). Unter Phosphatlimitierung sondert Phytoplankton besonders viel Mucus ab. Diesen Prozess nennt man „photosynthetic extracellular release" (PER). Der Mucus wird auch „extracellular polymeric substances" (EPS) genannt und besteht aus Polysacchariden (Schuster und Herndl, 1995). Eine weitere Form der EPS sind „transparent exopolymeric particles" (TEP), die aus sauren Polysacchariden bestehen und unter Nitratmangel nach Algenblüten spontan abiotisch koagulieren (Chin et al., 1998; Engel und Passow, 2001). Dieser Mucus ist nicht nur reich an Polysacchariden sondern auch an Glykoproteinen

Diskussion

(Kiørboe und Hansen, 1993; Passow und Alldredge, 1995). Freies, hochmolekulares DOM kann von Bakterien nur schlecht genutzt werden. Dies basiert einerseits auf dem Größenverhältnis zwischen Bakterium und Substrat und andererseits auf einer zu großen Verdünnung der Exoenzyme im Freiwasser, die für den Verdau des hochmolekularen DOM benötigt werden (Decho und Herndl, 1995). Der Mucus bindet gelöstes organisches Material und macht es somit für Bakterien zugänglich. Bakterioplankton besiedelt diese EPS und beginnt bei gleichzeitiger Aggregation mehrerer EPS diese zu verdauen (Decho und Herndl, 1995). Der Mucus ist ein wesentlicher Bestandteil des DOM und des POM und kann aufgrund des hohen Molekulargewichts nur schwer von Bakterien genutzt werden (Johnson und Kepkay, 1992). An der Oberfläche werden ca. 50 - 80 % der Primärproduktion in Form von DOM (vorwiegend Glucose und niedermolekularen Kohlenstoffen) von Prokaryoten genutzt (Ducklow, 1993; Reinthaler et al., 2005; Mouriño-Carballido und McGillicuddy, 2006). Die Bakterienzahlen sind in der vorliegenden Arbeit mit dem gelösten (DON) und dem partikulären Material positiv korreliert. Das zeigt die Abhängigkeit der prokaryotischen Lebensgemeinschaft des Meso- und Bathypelagials von dem POM, da dieses durch enzymatische Aktivität zu niedermoleklarem DOM umgewandelt wird. Das auf diesem Weg ins umgebende Wasser abgegebene DOM bildet hinter dem sinkenden Partikel eine Zone erhöhter Nährstoffkonzentrationen und Substrate für freilebende Prokaryoten (Kiørboe et al., 2001). Die in dieser Arbeit ermittelten Bakterienzahlen lassen an den ozeanischen Stationen keine jahreszeitliche Änderung weder an der Oberfläche, noch in größeren Tiefen erkennen. Studien zu Sedimentationsraten in der Ionischen See zeigen eine Winterphase (November bis Februar) mit hohem Partikelflux und einer Sommerphase (Mai bis September) mit geringem Partikeleintrag (Karageorgis und Stravrakakis, 2005). Auf den bisherigen Ergebnissen basierend muss angenommen werden, dass im Winter höhere Bakteriendichten gezählt werden können. Allerdings reflektieren die Daten der vorliegenden Arbeit Zeitpunkte im Jahr mit einem durchschnittlichen Partikelflux und es kann angenommen werden, dass die mittlere Bakteriendichte gemessen wurde. Die ermittelte epipelagiale Zellzahl von $2,1 *10^5$ Zellen/ml und die mittlere bathypelagische Zellzahl von $3 *10^4$ Zellen/ml sind sehr gering, aber typisch für extrem oligotrophe Gewässer. In der Ägäis wurden in den oberen Wasserschichten Bakteriendichten von $3 - 7 *10^5$ Zellen/ml gezählt (Pitta und Giannakourou, 2000; Christaki et al., 2001) und im Maliakos Golf (Lamia, Griechenland) wurden von Kormas und Mitarbeitern (1998) $1 - 3 *10^5$ Zellen/ml ermittelt. In Tiefseegebieten, wie z. B. dem „East Pacific Rise", konnten Bakteriendichten von $8 *10^3$ bis $9 *10^4$ Zellen/ml detektiert werden (Santelli et al., 2008). In dieser Arbeit ermittelte Zellzahlen in 4500 bzw. 5000 m Tiefe lagen zwischen $2 *10^4$ und $4 *10^4$ Zellen/ml. Die Unterscheidung in metabolisch aktive und inaktive Zellen konnte in dieser Arbeit mit Hilfe der Kombination von Zellzählungen mit dem Flowcytometer und mit der CARD-FISH-Analyse getroffen werden. Die DNA-Sonden der CARD-FISH hybridisieren mit den 16S rRNA-Molekülen in den Ribosomen. Da prokaryotische Zellen in der Lage sind, ihre Anzahl der Ribosomen entsprechend ihren

Diskussion

metabolischen Anforderungen zu variieren, kann angenommen werden, dass das CARD-FISH-Signal proportional zu der zellulären Aktivität ist (Amann et al., 1995; Karner und Fuhrman, 1997). Unter dieser Annahme sind ca. 10 - 20 % der epipelagial gezählten Zellen, ca. 35 % der mesopelagisch und ca. 50 % der bathypelagisch vorkommenden Zellen metabolisch inaktiv. Das ist die Differenz sowohl zwischen der Zellzählung mittels Flowcytometer und CARD-FISH als auch zwischen CARD-FISH und DAPI. Basierend auf vergleichenden 16S rRNA- und 16S rDNA-Daten vermuten Moeseneder et al. (2001), dass in der Tiefe weniger Zellen aktiv sind als an der Oberfläche.

Elektronenmikroskopische Aufnahmen der Filterfraktionen zeigen, dass nur wenige Partikel vorhanden sind. Generell sind wahrscheinlich über 95 % der Bakterien in extrem oligotrophen Gewässern freilebend (Cho und Azam, 1988; Moeseneder et al., 2001). Die wenigen gefundenen Partikel weisen alle einen sehr geringen Durchmesser auf ($\varnothing$ = 40 µm). Aufgrund der Seltenheit der Partikel konnte keine Quantifizierung oder charakteristische Verteilung der Partikel über die Tiefe erfasst werden.

6.4 Prokaryotische Diversität

Um die Diversität der Prokaryoten zu erfassen, wurden an der Station N4 aus vier Tiefen größenfraktionierte Proben mittels PCR auf 16S rDNA untersucht. Es wurden 1677 16S rDNA-Klone von Bakterien und Archaea generiert und so ein detailliertes Bild der freilebenden und der Partikel-assoziierten prokaryotischen Gemeinschaft erstellt. Es wurde mit einem Niedrigvakuum filtriert, um das Risiko zu minimieren, dass Partikel zerbersten und somit Partikel-assoziierte Prokaryoten in der Freiwasser-Fraktion detektiert werden (Moeseneder et al., 2001). Die REM-Aufnahmen zeigen allerdings, dass die wenigen vorhandenen Partikel entweder eine robuste Struktur zeigen oder kolloidale Aggregate sind (Abb. 5.22 und 5.23), die relativ unempfindlich gegenüber den mechanischen Scherkräften während des Filtrierens sind. Es ist dennoch nicht auszuschließen, dass einige Arten, die in beiden Fraktionen gefunden werden, evtl. Artefakte des Filtriervorgangs sind. Allerdings wurden auch einige Klassen (4) ausschließlich in der Partikel-assoziierten Fraktion detektiert. Die in der Partikel-assoziierten und in der freilebenden Fraktion detektierbaren Arten stellen nicht unbedingt den maximal größten, durch das Filtrieren eingeführten Fehler in der OTU-Verteilung zwischen freilebender und Partikel-assoziierter Gemeinschaft dar (Moeseneder et al., 2001). Sie zeigen eher die Arten der Freiwassergemeinschaft, die opportunistisch auf Partikeln siedeln, also motil oder stoffwechselinaktiv (dormant/immotil) sind und auf die Kollision mit einem Partikel warten. Arten, die im Freiwasser nicht oder nur selten detektierbar sind, aber auf den Partikeln vorkommen, sind solche, die obligatorisch Partikel besiedeln. Es existiert wahrscheinlich eine bisher nicht abschätzbare prokaryotische Diversität, die mit konventionellen molekularbiologischen Methoden nicht erfassbar ist. Aus dieser sogenannten „rare biosphere" (Sogin et al., 2006) rekrutieren sich wahrscheinlich viele der Partikel-assoziierten Bakterien. In und auf den Partikeln herrschen andere

Diskussion

Umweltbedingungen. Diese Mikronischen werden von einigen Vertretern der prokaryotischen Artengemeinschaft erfolgreicher besiedelt als das Freiwasser. Die Besiedlung wird von frequenz-abhängigen Mechanismen gesteuert, die noch nicht verstanden sind. Es wird davon ausgegangen, dass diese Mechanismen spezielle Vorteile für das Überleben seltener Arten bieten und enorme zeitliche und räumliche Verschiebungen der Diversität verursachen können (Sogin et al., 2006).

Die prozentuale Komposition der prokaryotischen Gemeinschaft wurde mit Hilfe der CARD-FISH-Analyse bestimmt. Die Zusammensetzung der Arten wurde mit 16S rDNA-Sequenzierung ermittelt. Während die Oberflächenpopulationen nur einen Anteil der Archaea von ca. 8 % zeigen, sind die Bakterien mit ca. 70 % vertreten. In den folgenden hundert Metern nehmen die Archaea auf ca. 20 % zu und die Bakterien auf ca. 60 % ab. Der Anteil der Archaea nimmt daraufhin auf ca. 10 % ab und in Tiefen von ca. 3000 m steigt er wieder an. In Tiefen von 4500 m nimmt der Anteil der Archaea und der Bakterien auf 15 % und 55 % entsprechend ab. Einen vergleichbaren Anstieg der Archaea über die Tiefe konnten Karner et al. (2001), Moeseneder et al. (2001) und Teira et al. (2004) ebenfalls zeigen. Dieser archaeale Anstieg ist vermutlich auf eine höhere Stoffwechselaktivität der Archaea im Gegensatz zu den Bakterien begründet. (Teira et al., 2004).

6.4.1 Diversität und Verteilung der Bakterien in der Wassersäule

In mehreren Studien zeigte sich eine signifikante Variation der bakteriellen Gemeinschaft über die Tiefe (Lopez-Garcia et al., 2001; Moesender et al., 2001; Bano und Hollibaugh, 2002; Morris et al., 2002; Zaballos et al., 2006). Ebenso zeigte sich diese Variation für die Archaea (DeLong et al., 1994; Bano et al., 2004). Auch in dieser Arbeit kann die Variation des Artenreichtums über die Tiefe beobachtet werden. Eine Abnahme der Diversität mit zunehmender Tiefe, wie in anderen Arbeiten gezeigt wurde (Fuhrman et al. 1992; Zaballos et al., 2006), kann nur in der Partikelfraktion festgestellt werden. Eine solche unterscheidbare Abnahme der Diversität zeigt auch die Studie von Moesender et al. (2001) in der Ägäis. Auftretende Schwankungen im Artenreichtum der freilebenden Gemeinschaft sind in dieser Arbeit nicht von der Tiefe abhängig. Die tiefenabhängige Zunahme des Artenreichtums innerhalb der -Proteobakterien zu Lasten der -Proteobakterien, wie beispielsweise in Zaballos et al. (2006) in der südwestlichen Ionischen See beschrieben, kann in der vorliegenden Arbeit nicht bestätigt werden. Die Abnahme der Vertreter des SAR11-Clusters (*Pelagibacter ubique* und verwandte Sequenzen) von 20 % in 5 m Tiefe auf 5 % in 4500 m wird dagegen auch in dieser Arbeit beobachtet, jedoch nehmen die Rickettsiales von 12 % auf ca. 60 % zu und lassen dadurch die -Proteobakterien in der Tiefsee (4500 m) zur am häufigsten vertretenen Klasse (Unterklasse) im Freiwasser werden. Die Sequenzen der gefundenen Rickettsiales weisen eine ≥97%ige Ähnlichkeit mit unkultivierten SAR11-Cluster Bakterien auf, sodass evtl. die Abnahme der SAR11-Bakterien nicht mit ansteigender Tiefe abnimmt, sondern sogar anwächst. Die -Proteobakterien sind in allen Tiefen mit Partikeln

Diskussion

assoziiert. In 5 m Tiefe machen sie knapp 40 % der Partikel-assoziierten Gemeinschaft aus. In größeren Tiefen stellen sie 10 % - 20 % der Arten, die auf Partikeln gefunden werden können. Auf den Partikeln werden in jeder Tiefe SAR11-Cluster Vertreter gefunden. Jedoch sind sie deutlich häufiger im Freiwasser detektierbar. Diese Verteilung der SAR11-Bakterien ist typisch und liegt vermutlich in der Fähigkeit, „low molecular weight" (LMW) DOM besser zu verwerten als „high molecular weight" (HMW) DOM, wie es Malmstrom et al. (2004 und 2005) für Vertreter des SAR11-Clusters im oligotrophen Gewässer (Sargassosee) zeigen konnten. Möglicherweise vermögen Bakterien des SAR11-Clusters sowohl Kohlenhydrate und Aminosäuren als auch Proteine als Energiequellen zu metabolisieren. Damit wären sie kompetitiver als andere Bakterien und in oligotrophen Gewässern besser angepasst (Malmstrom et al., 2005). Diese Anpassung kann in der Tiefsee ebenfalls ein entscheidender Vorteil sein. Es zeigt sich, dass die Gruppe des SAR11-Clusters eine phylogenetisch und vielleicht auch metabolisch, hoch diverse Gruppe ist. Acinas und Mitarbeiter (2004) ermittelten, basierend auf 16S rDNA-Sequenzen, den höchsten Artenreichtum innerhalb des SAR11-Clusters in Gewässern vor der Küste Massachusetts. In der vorliegenden Arbeit sind zum ersten Mal Vertreter des SAR11-Clusters auch in der Tiefsee als quantitativ bedeutende Gruppe identifiziert worden. Zwischen den SAR11-Vertretern aus 5 m, 100 m, 1500 m und denen aus 4500 m kann aufgrund der phylogenetischen Beziehung eines 611 bp langen Fragments der 16S rDNA keine Unterscheidung in tiefenspezifische Cluster festgestellt werden (Anhang Abb. 2). Es kann eine Unterscheidung in drei Gencluster erkannt werden, in denen allerdings Vertreter aus allen vier Tiefenhorizonten eingeordnet sind. Dieses Ergebnis steht im Gegensatz zu einer Studie von Field et al. (1997). Field et al. zeigten eine Tiefenzonierung des SAR11-Clusters zwischen der Oberfläche und 250 m Tiefe. Die Vertreter des SAR220-Unterclusters kommen in der vorliegenden Arbeit genauso wie in der Studie von Field et al. (1997) in allen Tiefen gleichmäßig vor. Doch speziell die Vertreter des SAR95-Unterclusters verteilen sich in der Ionischen See über alle beprobten Tiefenhorizonte und können nicht zu einem überwiegend Oberflächenwasser assoziierten Cluster definiert werden. Dies steht im Gegensatz zu den Ergebnissen von Field et al. (1997). Die Homogenität des SAR11-Clusters in der vorliegenden Arbeit über die Tiefe ist lediglich eine Momentaufnahme. Eine zeitliche Ausprägung tiefenbedingter Gruppierung innerhalb des SAR11-Clusters ist deswegen auch in dem untersuchten Gebiet nicht auszuschließen. Eine hohe saisonale Variabilität der Komposition der prokaryotischen Lebensgemeinschaft konnte im westlichen Mittelmeer bis in Tiefen von 2000 m erfasst werden (Winter et al., 2009). Die Dominanz der -Proteobakterien und das Vorkommen der verschiedenen SAR11-Cluster in allen Tiefen zeigt jedoch, dass diese Unterklasse viele ökologische Nischen besetzt und zumindest innerhalb des SAR11-Clusters Vertreter sind, die sich unter bestimmten Umweltbedingungen, über einen weiten Tiefengradienten verbreiten können.

Die -Proteobakterien werden in der Partikel-assoziierten Fraktion mit zunehmender Tiefe dominanter (Abb. 5.42 bis 5.45). In der Tiefsee kommen andere Vertreter der

Diskussion

-Proteobakterien in der Partikelgemeinschaft vor als im Freiwasser. Alteromonadaceae Arten sind auf 4500 m ausschließlich Partikel-assoziiert (u. a. *Alteromonas macleodii*) und stellen dort 60 % der -Proteobakterien. Im Freiwasser dominieren Arten (40 %) unter den -Proteobakterien, die in der NCBI-Datenbank <90 % Ähnlichkeit mit der Sequenz unkultivierter -Proteobakterien zeigen. Eine weitere freilebende Gruppe (ca. 27 %) kann den methanotrophen -Proteobakterien zugeordnet werden (≥92 % Sequenzähnlichkeit zu *Methylobacter* sp.). Beide Gruppen werden nicht auf Partikeln detektiert. Auf 1500 m Tiefe kommen Alteromonadaceae auch im Freiwasser vor. Die Dominanz von Alteromonadaceae in der Partikel-assoziierten Fraktion und das dominante Vorkommen von SAR11-Vertretern im Freiwasser liegen im Einklang mit einer Arbeit von Acinas et al. (1999) in einem Gebiet des westlichen Mittelmeeres. Da *Alteromonas* spp. viele Substrate verwenden können, nehmen Acinas et al. (1999) an, dass diese Arten speziell Partikel besiedeln. In der vorliegenden Arbeit wird vermutet, dass das vermehrte Vorkommen der Alteromonadaceae in den Partikeln im Bathypelagial neben der Stoffwechselflexibilität eventuell auf das zusätzliche Vorhandensein einer Hydrogenase, zumindest bei einem Teil der detektierten Alteromonadaceae, zurückzuführen ist. Dieser zusätzliche Weg der anaeroben Energiegewinnung würde einen Vorteil im Inneren von Partikeln bieten. Ein weiterer, vielleicht zusätzlicher Grund für die Dominanz der Alteromonadaceae in Partikeln ist die mögliche Produktion antibakterieller, enzyminhibitorischer und cytotoxischer Substanzen, die das Wachstum anderer Bakterien erschwert oder ganz unterbindet. In *Alteromonas luteoviolaceus* ist das Pentabrompseudilin (2,3,4-Tribrom-5-(3,5-dibrom-2-hydroxyphenyl)pyrrol) als solch eine Wirksubstanz bekannt (Pudlein und Laatsch, 1990). Vermutlich werden andere *Alteromonas* sp. ähnliche Substanzen synthetisieren.

Wie in anderen Arbeiten gezeigt, können auch in dieser Arbeit viele der Partikel-assoziierten Arten ebenfalls den Planctomyceten, den -Proteobakterien und den -Proteobakterien zugeordnet werden (DeLong et al., 1993; Acinas et al., 1999).

Den größten Teil der Partikel-assoziierten Gemeinschaft bilden tiefenspezifische OTU (Abb. 5.51A), lediglich 2 ubiquitäre OTU konnten auf den Partikeln erkannt werden. Betrachtet man die freilebende Gemeinschaft, zeigt sich ein ähnliches Bild (Abb. 5.51B). Ungefähr 60 % der im Freiwasser detektierten OTU sind tiefenspezifische OTU. Diese Ergebnisse stehen mit Arbeiten zur Ermittlung der prokaryotischen Diversität, die hauptsächlich Oberflächen mit der Tiefsee vergleichen, im Einklang (DeLong et al., 2006; Zaballos et al., 2006). Es bedeutet, dass die prokaryotische Partikelzusammensetzung hoch variabel ist.

Die Freiwassergemeinschaft unterscheidet sich deutlich von der Partikel-assoziierten Gemeinschaft einer Tiefe. Im Durchschnitt liegt die Übereinstimmung zwischen 15 % und 40 % (Abb. 5.50). In 5 m Tiefe stimmen ca. 40 % der Arten der Freiwasser und Partikelgemeinschaft überein. Die Bakteriengemeinschaft der Partikel in 100 m weist nur die 2 ubiquitär vorkommenden OTU, als Gemeinsamkeit mit der Partikel-assoziierten

Diskussion

Gemeinschaft in 5 m, auf. Auch die Übereinstimmung der Arten in anderen Tiefen ist sehr gering. Diese beachtliche Verschiebung der Partikel-assoziierten Gemeinschaft über die einzelnen Tiefen lässt darauf schließen, dass Tiefengrenzen für den Hauptteil der Partikel-assoziierten Gemeinschaft existieren.

Bei einem durchschnittlichen Radius von 100 µm sinkt ein marines Partikel ca. 10 m/Tag (Smayda, 1971; Stolzenbach und Elimelech, 1994). Die Verweildauer eines Bakteriums auf einem sinkenden Partikel wird im Epipelagial mit ca. 3 Stunden (Sinkstrecke: 1,25 m) angegeben (Kiørboe et al. 2002). Bei dieser kurzen Besiedlungszeit verbleiben tiefenlimitierte Arten in einer Schicht und minimieren das Risiko, mit dem Partikel von Metazoen gefressen oder mit dem Partikel in tiefere Zonen getragen zu werden, in denen sie nicht überlebensfähig sind (Azam und Smith, 1991). Je länger ein organisches Partikel sedimentiert, desto schwerer zugänglich werden die Kohlenstoffquellen, da die leicht zugänglichen zuerst erschöpft sind. Dieser Umstand wird durch die erhöhte Detektion bestimmter Exoenzyme reflektiert (Lochte et al., 1999). Die Komposition der Makromoleküle wird mit zunehmender Tiefe renitent und für rein saccharolytische Organismen nicht mehr oder schwerer verwertbar (Heissenberger et al., 1996). Mit dieser Annahme lässt sich z. B. das Vorkommen der Bakteroidetes und Flavobakterien in den oberen Wasserschichten erklären. Vertreter der Bakteroidetes und der Flavobakterien sind auf leicht zugängliche Zucker aus der Umgebung angewiesen. Diese sind nur in den oberen Schichten, bedingt durch die Primärproduktion, vorhanden. Flavobakterien verwenden hauptsächlich Glucose als Kohlenstoff- und Energiequelle. Sie sind aerob-mikroaerophil. Ihr Vorkommen verteilt sich auf Vor- und Hauptfilter annähernd gleich. Die Klasse der Bakteroidetes besteht dagegen aus obligat anaeroben Arten, die saccharolytisch sind und Zucker vor allem zu Acetat und Succinat als Gärungsprodukt fermentieren. Sie kommen signifikant häufiger in Vorfilterproben als in Hauptfilterproben vor. Die Abnahme beider Klassen über die Tiefe liegt in der Aufzehrung einfach zugänglicher Kohlenhydrate. Auf älteren Partikeln findet man häufig eine geringere Dynamik, da viele Bakterien bereits in einer Mucusschicht eingebettet sind und das Partikel nicht mehr verlassen können (Kiørboe et al. 2002) oder sich aufgrund biologischer Interaktionen, wie „Quorum sensing", stabile Populationen etablieren können (Gram et al., 2002; Long und Azam, 2001), die längere Zeit auf den Partikeln verbleiben. Wenn dem so ist, müsste die Anzahl der gemeinsamen OTU mit der Tiefe zunehmen. Während die beiden epipelagialen Schichten nur 2 gemeinsame OTU zeigen, nimmt dieser Anteil mit der Tiefe leicht zu. Zwischen 100 m und 1500 m konnte eine gemeinsame OTU zusätzlich identifiziert werden. In den Tiefen 1500 m und 4500 m stimmen 4 OTU überein. Eine der 4 OTU ist in beiden Tiefen dominant, während eine OTU auf 1500 m dominat ist und in 4500 m nicht mehr. Diese Analyse zeigt eher, dass es nur wenige Arten gibt, die dauerhaft auf Partikeln siedeln.

In oligotrophen Gewässern stellen Partikel eine essentielle Nahrungsgrundlage für die Bakteriengemeinschaft dar (Caron et al., 1986; Alldredge und Silver, 1988; Kiørboe und Jackson, 2001; Ploug et al., 2002). Dies spiegelt sich auch in der erhöhten Detektion von

Diskussion

Genen, die für ein Partikel-assoziiertes Leben kodieren, wider (DeLong et al. 2006, Lauro et al. 2007). Lochte et al. (1999) vermuten, dass die Substratlimitierung in der Tiefsee gravierender auf die Diversität wiegt als der Einfluss von hohem Druck oder niedriger Temperatur. Die in dieser Arbeit gefundene ausgeprägte tiefenspezifische Diversität der freilebenden und der Partikel-assoziierten Arten lässt vermuten, dass der vertikale prokaryotische Artenreichtum eher temperatur- und nicht druckabhängig ist. In allen Tiefen ist eine ähnlich hohe Diversität, aber mit unterschiedlicher Komposition, erkennbar. Die Tiefenzonierung des Artenreichtums begründet sich vermutlich in dem (biogeochemischen) Charakter der sedimentierenden Partikel (Moeseneder et al. 2001, DeLong et al. 2006). In dieser Studie korreliert die Abnahme der Bakterienzahlen mit der Konzentrationsabnahme des PON/POC und DON über die Tiefe. Eine Zonierung nach Enzymausstattung, um unterschiedlich schwer verdauliche Komponenten zu nutzen, ist denkbar und ginge mit dem Gedanken des stratifizierten Charakters des partikulären organischen Materials einher (Lauro und Bartlett, 2008). Allerdings kann der laterale Eintrag von prokaryotischen Arten durch Strömungen nicht ausgeschlossen werden (DeLong et al. 2006). Besonders das LIW weist Strömungsgeschwindigkeiten von 6 cm/Sekunde auf und trennt in diesem Seegebiet die Probentiefen 100 m und 1500 m voneinander. In Tiefen zwischen 2100 m und 4760 m liegt die Strömungsgeschwindigkeit zwischen 0 (nicht detektierbar) und 2 cm/Sekunde. Hier ist der laterale Einfluss ein eher vernachlässigbarer Faktor (Aggouras et al., 2006). Anhand der T-RFLP-Analyse des bakteriellen Datensatzes (Abb. 5.31/32) ist ebenfalls ersichtlich, dass sich die Tiefenhorizonte unterscheiden. Selbst in Proben aus Tiefen, die nur aus einer Wassermasse bestehen, wie z. B. das „Cretan Deep Water" (CDW) zwischen 2500 m und 3500 m, sind deutliche Unterschiede zu erkennen. Dies zeigt, dass die hohe Variablität der Artzusammensetzung in den verschiedenen Tiefen des Untersuchungsgebiets nur im geringen Umfang durch lateralen Einfluss zustande kommt.

In dieser Arbeit können ungefähr 20 % der im Freiwasser detektierten Arten in allen Tiefen gefunden werden. Das entspricht 14 OTU. Es scheint, dass aufgrund des fehlenden Temperaturgradienten für zumindest einen Teil der detektierbaren Arten kein Stratifikationszwang besteht, wenn sie nicht durch andere Faktoren, wie z. B. Licht, Enzymausstattung oder unterschiedlichen Wassermassen, auf bestimmte Zonen beschränkt sind. Die Verteilung des SAR11-Clusters (Anhang Abb. 2) zeigt z. B. deutlich ein gleichmäßiges Vorkommen von Vertretern dieses Clusters in allen Tiefen.

Eine Metagenomstudie im östlichen Mittelmeer konnte zeigen, dass viele Gene, die für Proteine/Enzyme des Katabolismus, des Transports und der Degradation von komplexen organischen Substraten kodieren, wie sie für eine heterotrophe Lebensform benötigt werden, in Tiefen des Bathypelagial sehr häufig detektiert wurden. Daraus wurde gefolgert, dass Temperaturdifferenzen und Enzymausstattung entscheidend bei der Tiefenverteilung von Arten sind (Martin-Cuadrado et al., 2007).

Diskussion

Die Temperatur ist ein entscheidender Faktor bei allen enzymatischen Prozessen und ebenfalls relevant für die Funktion von Strukturproteinen. Der Zusammenhang zwischen hoher Temperatur und erhöhtem Artenreichtum wurde auch in zwei Studien gezeigt, die den marinen prokaryotischen Artenreichtum in kalten und warmen geographischen Regionen miteinander verglichen (Pommier et al., 2007; Fuhrman et al., 2008). Verwendet man die Ergebnisse von Sogin et al. (2006) unter dem in ihrer Arbeit nicht behandelten Aspekt der Diversitäts-Änderung über die Tiefe, kann man erkennen, dass die Diversität keine Abnahme über das Tiefenprofil zeigt. Das Untersuchungsgebiet lag in der Labrador See, einem Seegebiet nahe dem nördlichen Polarkreis mit Tiefenwasserformation. Die Temperaturdifferenz zwischen 500 m und Tiefsee (4121 m) beträgt hier nur ca. 4 °C. Bakterien besitzen ein relativ kleines Temperaturoptimum, das ihre Verbreitung stark limitiert. Die Temperatur ist daher einer der wichtigsten, wenn nicht *der* wichtigste Umweltfaktor, der das Wachstum und das Überleben von Mikroorganismen beeinflusst (Madigen et al., 2002). Die Temperatur beeinflusst fast alle physiologischen Vorgänge. In extrem oligotrophen Gewässern ist eine Art nur innerhalb des Temperaturoptimums kompetitiv erfolgreich. Ein weiterer entscheidender Faktor für die Verbreitung von Mikroorganismen ist die Verfügbarkeit von verwertbaren Substraten. Diese Verfügbarkeit ändert sich schnell über das vertikale Profil, besonders in oligotrophen Gewässern. So spielt die Enzymausstattung eines Bakteriums gleichfalls eine entscheidende Rolle in trophisch wechselnden Habitaten. Hydrostatischer Druck dagegen scheint die Diversität nicht maßgeblich zu beeinflussen, da die Arbeiten von Huber et al. (2003/2006) und von Santelli et al. (2008) in weniger tiefen Gewässern (ca. 2600 m) geringere Diversität ermittelten als Sogin et al. und die hier vorliegende Arbeit (>4000 m). Es mag druckangepasste, mit spezieller genetischer Ausstattung versehene Arten geben, die kalte und tiefe Gebiete der Meere ausschließlich bevölkern (Yayanos, 1995; Nakasone et al., 1998; Bartlett und Bidle, 1999; Takai et al., 2005). Jedoch scheinen viele heterotrophe Bakterien in der Lage zu sein, wenn Temperatureffekte zu vernachlässigen sind, ein weites Spektrum innerhalb eines Druckgradienten zu besiedeln. So kann *E. coli* noch bei einem Druck von 50 MPa (entspricht 5000 m) wachsen, sich teilen und DNA replizieren (ZoBell, 1970 und 1962). Translation kann es bis 60 MPa und Transkription bis 77 MPa betreiben (Gross et al., 1993). Pagan und Mackey (2000) zeigten, dass *E. coli* noch in 10000 m lebensfähig ist.

In den Studien von Martin-Cuadrado et al. (2007) und Zaballos et al. (2007) zum östlichen Mittelmeer wurden die gleichen Bakterienklassen gefunden wie in der vorliegenden Arbeit. Der überwiegende Anteil der im Untersuchungsgebiet gefundenen Bakterien besteht aus heterotrophen Vertretern 19 bakterieller Klassen. Dies steht mit der Rolle der heterotrophen Organismen der Tiefsee als Mineralisierer im Einklang. Dennoch ist der Anteil der chemolithotrophen Bakterien, wie in den Partikeln auf 4500 m detektiert, in der Tiefe zunehmend. Viele der gefundenen Sequenzen weisen hohe Sequenzähnlichkeiten mit Bakterien aus hydrothermalen oder kalten Quellen auf. Besonders letzteres ist nicht verwunderlich, da der Hellenische Graben Teil des Subduktionsgebiets ist, in dem sich die

Diskussion

Afrikanische unter die Eurasische Kontinentalplatte schiebt. Das Gebiet ist tektonisch hoch aktiv und zahlreiche unterseeische Schlammvulkane existieren entlang des mittelmeerischen Rückens (Limonov, et al., 1996; Woodside et al., 1998). In vielen Schlammvulkanen werden Konsortien aus methanotrophen und sulfatreduzierenden Bakterien gefunden (Hoehler et al., 1994; Harder, 1997; Elvert et al., 1999). Die vorliegenden Daten lassen vermuten, auch wenn oft die Sequenzähnlichkeiten zu den methanotrophen Bakterien unter 97 % liegen, dass solche Gemeinschaften im Hellenischen Graben und damit in dem Untersuchungsgebiet in großen Tiefen und im Sediment vorkommen.

6.4.2 Vorkommen und Diversität der Archaea

In allen untersuchten Tiefen bilden die Crenarchaea im Freiwasser die größte archaeale Fraktion. Sie sind ausschließlich im Freiwasser detektiert worden, nicht auf Partikeln. Euryarchaea der Gruppe II und der selten vorkommenden Gruppe III konnten auf Partikeln in 100 m Tiefe detektiert werden. Das ausschließliche Vorkommen der Euryarchaea der Gruppe III auf Partikeln in 100 m Tiefe lassen vermuten, dass die Vertreter dieser Archaeagruppe in diesem Seegebiet vorwiegend einen Partikel-assoziierten Lebensstil führen. Dass Crenarchaea und Euryarchaea der Gruppe II verschiedene Stoffwechselwege aufweisen, vermuteten schon einige Autoren (Karner et al., 2001; Herndl et al., 2005; DeLong et al., 2006; Martin-Cuadrado et al., 2007 und 2008). Jedoch konnte noch nicht gezeigt werden, dass Euryarchaea der Gruppe II einen eher Partikel-assoziierten Metabolismus haben, wie es die Existenz von Genen zur anaeroben Respiration vermuten lässt. Unter anderem kann von einigen Euryarchaea der Gruppe II Dimethylsulphoxid (DMSO) als Elektronenakzeptor benutzt werden. DMSO entsteht bei der Oxidation von Dimethylsulfid (DMS) und wird u. a. von abgestorbenen Algen abgesondert. Es kann in Partikeln in höheren Konzentrationen vorliegen als im Freiwasser. Frigaard et al. (2006) fanden Proteorhodopsin-ähnliche Gene in Euryarchaea der Gruppe II, die die photischen Zone bewohnen, nicht aber in Euryarchaea größerer Tiefen. Dies lässt vermuten, dass einige Euryarchaea des Epipelagials eventuell photoautotroph sind (Frigaard et al., 2006). Die in der vorliegenden Arbeit im Meso- und Bathypelagial amplifizierten Euryarchaea gehören einem anderen Cluster an als die im Epipelagial amplifizierten Euryarchaea. Die epipelagialen Euryarchaea der Gruppe II, die in dieser Arbeit gefunden wurden, sind an der Oberfläche sehr häufig Partikel-assoziiert und die Euryarchaea im Meso- und Bathypelagial ausschließlich freilebend. Das überwiegende Vorkommen der Euryarchaea der Gruppe II im Epipelagial und der Crenarchaea im Meso- und Bathypelagial wurde von Karner et al. (2001) im Pazifik und von Herndl et al. (2005) im Atlantik aufgezeigt. Im westlichen Mittelmeer konnte eine solche Zonierung nicht angetroffen werden (Winter et al., 2009). Zaballos und Mitarbeiter (2006) konnten in der südwestlichen Ionischen See auf den Tiefen 50 m und 3000 m ausschließlich Crenarchaea Gruppe I detektieren. In der vorliegenden Arbeit ist eine deutliche Tiefenzonierung zu sehen. Diese wird durch zwei verschiedene Euryarchaea Gruppe II Vertretern verursacht. Die eine Gruppe,

Diskussion

freilebend und seltener vorkommend, besiedelt Tiefen größer 100 m, die andere besiedelt Partikel im Epipelagial. Auf den Tiefen von 1500 m und 4500 m konnte eine Artübereinstimmung von 50 % errechnet werden. Damit sind sich die Populationen der Tiefsee ähnlicher als die des Epipelagials. Hier wurde eine Übereinstimmung von ca. 30 % ermittelt. Generell lässt sich eine Tiefenunterscheidung der archaealen Lebensgemeinschaften treffen. Diese Aussage wird auch durch die T-RFLP-Analyse der Archaea aus Mai 2007 unterstützt. Die Elektropherogramme zeigen eine höhere Unähnlichkeit der epipelagialen Populationen zueinander als das der Fall bei den Populationen des Meso-/Bathypelagials ist. Sowohl mit der T-RFLP-Analyse als auch mit der 16S rDNA-Klonbibliothek wurde eine annähernd gleiche Diversität im Mesopelagial und Bathypelagial ermittelt. Im Epipelagial zeigt die T-RFLP-Analyse jedoch mehr Arten an, als mit der 16S-Klonbibliothek ermittelt wurden. Da Archaea große Genomunterschiede bei ähnlicher 16S rDNA-Sequenz (>97 %) zeigen (Beja et al., 2002; Martin-Cuadrado et al., 2009), wird vermutet, dass die Artdefinition von mindestens 97 % Sequenzhomologie der 16S rDNA für Archaea nicht anwendbar ist (Martin-Cuadrado et al., 2009). Sequenzen, die also auf 16S rDNA-Ähnlichkeiten einer Art annotiert werden, sind eventuell verschiedene. Das führt zu einer Unterschätzung der Diversität mittels 16S rDNA. Ein Vergleich beider Methoden in dieser Arbeit bestätigt diese Vermutung. Bei der T-RFLP werden Annotationen nicht berücksichtigt, da nur die Unterschiede in der Position von Consensus-Sequenzen der verwendeten Endonuklease für die Einteilung in OTU ausschlaggebend sind.

Die in der vorliegenden Arbeit detektierten Crenarchaea der Gruppe I weisen eine hohe Sequenzähnlichkeit zu den in der Arbeit von Martin-Cuadrado et al. (2009) gefundenen Crenarchaea der Gruppe I (≥98 %) auf. Die in dieser Studie (Martin-Cuadrado, 2009) entschlüsselten stoffwechsel-relevanten Enzyme deuten auf eine mixotrophe Lebensweise dieser Archaea hin. Mit den in den 3-Hydroxypropionat-Zyklus involvierten Genen könnte ein in dieser Arbeit nicht quantifizierter Teil der Crenarchaea an der Untersuchungsstelle chemolithoautotroph sein. Hierfür müssten die Crenarchaea in der Lage sein, Ammonium zu oxidieren. Das zur Ammonium-Oxidation notwendige Gen der Ammonium Monooxygenase (*amoA*) wurde in Crenarchaea der Gruppe I nachgewiesen (Koenneke et al., 2005; Hallam et al., 2006b; Wuchter et al., 2006; Lam et al., 2007). Bedenkt man aber, dass im Atlantik die *amoA*-Konzentration über die Tiefe abnimmt (Agogué et al., 2009) und in der Studie von Martin-Cuadrado (Ionische See, 3000 m) keine *amoA*-Sequenz nachgewiesen wurde, muss eine heterotrophe Lebensform der Crenarchaea im Bathypelagial als dominierend angenommen werden. In der Tiefsee gefundene Crenarchaea sind demnach nur zu einem Teil chemolithoautotroph. Für *Nitrosopumilus maritimus* konnte in mesopelagischen Tiefen gezeigt werden, dass diese Crenarchaea CO_2 fixieren, wobei die Energie durch Ammonium-Oxidation bereitgestellt wird (Herndl et al., 2005; Koenneke et al., 2005; Wuchter et al., 2006). Im Epipelagial des Untersuchungsgebiets trägt *N. maritimus* zur Primärproduktion bei (s. u.). In meso- und bathypelagischen Regionen des untersuchten Seegebiets könnte die

Diskussion

Ammonium-Oxidation zur Energiegewinnung ebenfalls eine bedeutende Funktion haben, da die Ammoniumkonzentrationen in der Tiefsee zwischen 3000 m und 4000 m eine weitere lokale Abnahme erfahren (Abb. 5.7). La Cono et al. (2009) konnten in der Tyrrhenischen See (westl. Mittelmeer) archaeale 16S rDNA-Sequenzen mit hoher Übereinstimmung zu dem Crenarchaeon *N. maritimus* in 3400 m Tiefe detektieren. Ein Großteil der Crenarchaea des Bathypelagial wird aber heterotroph sein (Teira et al., 2006).

6.4.3 Das Biolumineszenzpotenzial

In Bezug zur zukünftigen Installation eines Kubikkilometer großen Neutrino-Teleskops ist das Vorhandensein biolumineszenter Bakterien von besonderer Bedeutung. Die den -Proteobakterien angehörigen Vibrionaceae, die größte Gruppe der biolumineszenten Bakterien, können vermutlich auch in Partikeln vorkommen (Kaneko und Colwell, 1973). In dieser Arbeit wurde das Vorkommen von Vertretern der Vibrionaceae ermittelt. Hierzu wurde mit speziellen *luxA*-Primern und mittels 16S rDNA-Klonierung das Biolumineszenzpotenzial erfasst. Es wurden keine Vertreter der Vibrionaceae in der Freiwasser- oder Partikelfraktion des Meso- und Bathypelagials in der Ionischen See detektiert. Außerdem konnten im Biofilm der verschiedenen Materialien keine Vibrionales gefunden werden. Dagegen wurden im Epipelagial im Frühjahr 2007 an der neritischen Station N1 *Vibrio harveyi* und *Pseudomonas mediterranea* mit Hilfe der neu entwickelten Primer für die *luxA*-Gene in der Freiwasserfraktion detektiert. Im Frühjahr sind die küstennahen Gebiete, bedingt durch die verstärkten Regenfälle und Flusseinträge, leicht mesotroph und weisen eine erhöhte Konzentration an Phosphat und POC auf. Vibrionales bewohnen überwiegend küstennahe Gewässer mit einem ausreichend hohen Nährstoffgehalt (Ruby et al., 1980). Sie werden hauptsächlich in Brackwasser (Ästuare) und eutrophen bis mesotrophen Gewässern gefunden (Nishiguchi, 2000; Urakawa und Rivera, 2006; McDougald et al., 2006). Obwohl sie im Wasser mit hoher Salzkonzentration leben können (Soto et al., 2009) und auch in einem weiten Temperaturspektrum vorkommen (Kaspar und Tamplin, 1993; Kaneko und Colwell, 1973), wachsen *Vibrio* spec. unter oligotrophen Bedingungen, und speziell unter Phosphatmangel, nur langsam (Yetinson und Shilo, 1979; Holmquist und Kjelleberg, 1993; Paludan-Müller et al., 1996).

Im Gegensatz zum Untersuchungsgebiet wurden in dieser Arbeit im deutschen Wattenmeer in einer Freiwasserprobe aus Oktober 2008 mehrere Arten der Vibrionaceae detektiert. Die Nordsee gehört in diesem Bereich zu den produktivsten Seegebieten weltweit mit einem tidenabhängigen Wasserwechsel, der halbtäglich Nährstoffe aus dem Meeresboden löst. Des Weiteren erfährt das Wattenmeer durch Flusseinträge und Küstenerosion eine Eutrophierung. Mit Hilfe der 16S rDNA-Klondatenbank von den künstlichen Oberflächen konnten biokorrosive Bakterien in der Ionischen See gefunden werden. Über die Hälfte der -Proteobakterien auf Glas konnten einem Bakterium mit 99 % Sequenähnlichkeit zugeordnet werden, das Edelstahl korrodiert (Baker et al., 2003). Dieses Bakterium (PWB3) konnte im

Diskussion

Freiwasser ebenfalls nachgewiesen werden. Es macht dort nur ca. 1 % der Diversität aus. Die Ansiedlung von Bakterien und die Ausbildung eines Biofilms können lokal zur Korrosion von Stahl und auch Edelstahl führen. Dieser Prozess wird mikrobiologisch beeinflusste Korrosion genannt (microbiologically influenced corrosion = MIC). Das kann zur Perforation von u. a. Pipelines führen (Brennenstuhl und Doherty, 1990; Marmo et al., 1990; Motoda et al., 1990; Dickinson et al., 1997; Ito et al., 2002). Im Meerwasser sind mehrere solcher MIC auslösende Bakterien bekannt (Mattila et al, 1997; Kielemoes et al., 2002). PWB3 ist ein prosthekates Bakterium. Prosthekate Bakterien sind eine Gruppe von Bakterien, die lange zylindrische Anhänge ausbilden, die *Prosthecae* genannt werden (Poindexter, 1991). Alle bekannten prosthekaten Bakterien gehören den -Proteobakterien an und sind hoch adhesiv (Merker und Smith, 1988), wodurch sie unmittelbar auf festen Oberflächen siedeln. Prosthekate Bakterien werden besonders in der oligotrophen Umwelt gefunden und stellen vermutlich Pioniere bei der Biofilmausbildung dar (Porter and Pate, 1975; Poindexter, 1984). In dieser Arbeit wurden außerdem auf Stahl (10 %) und Edelstahl (40 %) putative Schwefel-oxidierender -Proteobakterien in Gesellschaft von eisen-oxidierenden Bakterien detektiert. Schwefel-oxidierende Bakterien erzeugen ein saures Milieu (Schwefelsäure) und dadurch Korrosion. Für die Auswahl des Konstruktionsmaterials müssen die Aspekte der MIC berücksichtigt werden, wohingegen bakterielle biolumineszente Interferenzen keine Bedeutung haben.

6.4.4 Spezielle Metabolismen: H_2-Oxidation der [NiFe] Hydrogenase
Die Ionische See ist ein extrem oligotrophes Gewässer mit einer sehr geringen Primärproduktion. Es stellt sich die Frage, ob neben der Photosynthese noch andere metabolische Mechanismen bei der Produktion von organischem Material an der Oberfläche eine Rolle spielen. Ein alternativer Stoffwechselweg zur Energiegewinnung ist die Oxidation von Wasserstoff. Die so entstehenden Reduktionsäquivalente können in den Katabolismus fließen. Eine andere Möglichkeit bietet die fermentative Wasserstoffproduktion. Diese Wege reichen nicht ausschließlich zur Energiegewinnung, sondern stellen eine zusätzliche Möglichkeit für einige Bakterien, in oligotrophem Milieu zu leben (Morita, 2000; King und Weber, 2007). Die Schlüsselenzyme sind die Hydrogenasen. In dem Untersuchungsgebiet wurden weder im Freiwasser noch in Partikel-assoziierten Bakterien Gene für die bidirektionale NAD(P)-gekoppelte [NiFe] Hydrogenase gefunden. In Zusammenarbeit mit dem Verbundprojekt Innofond Schleswig-Holstein konnte gezeigt werden, dass Organismen mit der bidirektionalen [NiFe] Hydrogenase bestimmte Milieus präferieren. Sie werden in Küstenbereichen, Süßwasserseen und mikrobiellen Matten detektiert, jedoch nicht im offenen Ozean. In den genannten Verbreitungshabitaten finden die Organismen hypoxische und anaerobe Bedingungen vor, die die Aktivität der bidirektionalen Hydrogenase nicht inhibieren (Cournac et al., 2004). In 24 % aller Genome mariner heterotropher Bakterien können Hydrogenasegene gefunden werden. Hierbei sind die Gene der aufnehmenden Hydrogenase die meist verbreiteten.

Diskussion

Aufgrund der ökologischen Verteilung scheint die primäre Funktion der bidirektionalen NAD(P)-gebundenen Hydrogenase in der Erzeugung von H_2 unter anoxischen Bedingungen zu liegen. Andererseits kommen Gene der sauerstoffresistenten aufnehmenden Hydrogenase im Genom von marinen Bakterien vor, die sowohl Küstengewässer als auch den offenen Ozean bewohnen. Diese Art Hydrogenase kann einer zusätzlichen Gewinnung von Energie dienen in einer ansonsten oligotrophen Umgebung. Mit der Detektion des -Proteobakteriums *A. macleodii* auf den Partikeln des Bathypelagials ist eine aufnehmende Hydrogenase aufgezeigt worden. Des Weiteren kann die membrangebundene H_2-erzeugende Hydrogenase vielleicht ein Markergen für Partikel-assoziierte Bakterien sein. In der mikrobiellen Welt ist Wasserstoff ein wichtiger Energieträger und wird deshalb effizient zwischen verschiedenen Prokaryoten und anaeroben Eukaryoten ausgetauscht. Während die einen Wasserstoff produzieren, speisen andere ihn zur Energiegewinnung in ihren Metabolismus ein. Viele Bakterien, die H_2 verstoffwechseln, sind fakultativ chemolithotroph. Sie können in Abhängigkeit der Nährstoffbedingungen zwischen chemolithotrophem und chemoorganotrophem Stoffwechsel hin- und herschalten. Chemolithotroph wachsende H_2 metabolisierende Bakterien bevorzugen mikroaerobe Bedingungen, wie sie innerhalb sinkender Partikel herrschen. Da die in der vorliegenden Studie verwendeten Primer (*hoxH*) nicht auf diese Klasse der aufnehmenden Hydrogenase zielt, können noch keine Aussagen über das Vorkommen dieser Hydrogenasen gemacht werden. Es sind allerdings bereits Primer für die Detektion von *hoxG* abgeleitet worden. HoxG ist die große Untereinheit der aufnehmenden Hydrogenase. Ergebnisse stehen noch aus (siehe hierzu Ausblicke).

6.4.5 Spezielle Metabolismen: Ammonium- und Nitritoxidation im DCM

In Tiefen des Deep-Chlorophyll-Maximums (DCM) wird eine deutliche Abnahme der Ammoniumkonzentration gemessen (Abb. 6.1). Gleichzeitig sind die Nitritkonzentrationen zunehmend. Zwischen 80 m und 90 m ist das DCM gelegen, welches anhand der Chlorophyll a-Konzentrationen und des Maximums des autofluoreszierenden Phytoplanktons (FCM) erkennbar ist. In derselben Tiefenschicht zeigt sich gleichzeitig sowohl für das Phosphat als auch für das Ammonium ein Konzentrationsminimum. Die Abnahme der Ammoniumkonzentration bei gleichzeitiger Zunahme der Nitritwerte deutet auf die Oxidation von Ammonium hin, wie sie von einigen Proteobakterien, Crenarchaea und Planctomyceten, bei letzteren erfolgt die Oxidation allerdings anaerob, zur Energiegewinnung durchgeführt wird. Die Sauerstoffkonzentration im Wasser (ca. 200 µM) ist zu hoch und die gefundenen Partikel sind zu klein, um ein anaerobes Milieu zu schaffen. Die detektierten Planctomyceten auf dem Vorfilter aus 100 m Tiefe gehören nicht zu den anaeroben Ammonium-oxidierenden Vertretern dieser Klasse (Anammox), wie sie in vielen Studien beschrieben wurden (Mulder et al., 1995; Strous et al., 1999; Schmid et al., 2000; Egli et al., 2001).
Unter den Bakterien gibt es einige Vertreter der - und -Proteobakterien (z. B. *Nitrosomonas*, *Nitrosococcus*), die Ammonium aerob zu Nitrit oxidieren (Madigan et al., 2002). In

Diskussion

100 m Tiefe konnte keine 16S rDNA von -Proteobakterien detektiert werden (Abb. 5.43). Die in dieser Arbeit ermittelten -Proteobakterien weisen keine Sequenzähnlichkeiten (BLASTN) mit den in der Datenbank (NCBI) annotierten Ammonium-oxidierenden -Proteobakterien auf. Dennoch kann nicht ausgeschlossen werden, dass einige in dem Seegebiet detektierte -Proteobakterien Ammonium oxidieren können. Dieser Anteil dürfte allerdings gering sein, wie es in der Nordsee bereits gezeigt werden konnte (Wuchter et al., 2006).

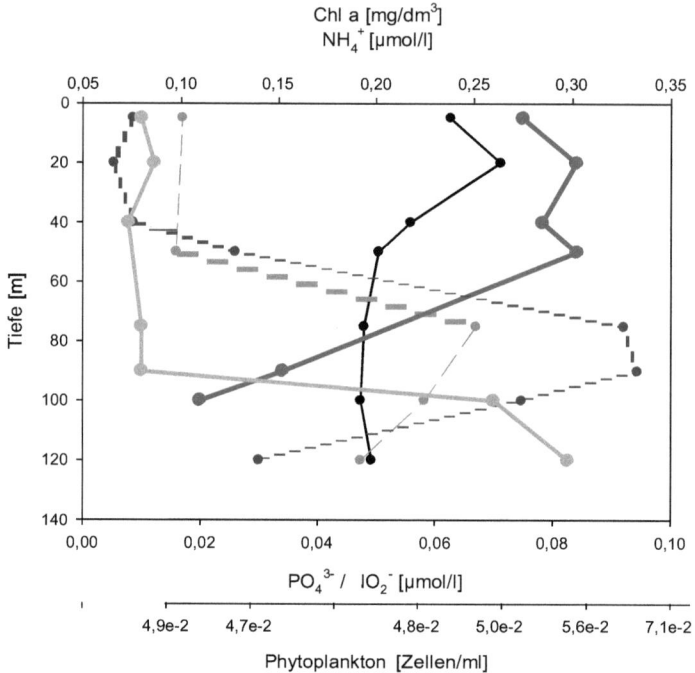

Abb. 6.1: Gegenüberstellung der Parameter Phosphat (schwarz), Ammonium (rot), Chlorophyll a (grün) und Phytoplanktondichte (blau) sowie Nitrit (grau) im Epipelagial bis 120 m im Oktober 2007 an der Station N4.

Vielmehr können Archaea mit hoher Sequenzübereinstimmung zu *Nitrosopumilus maritimus* zugeordnet werden. Die Sequenzübereinstimmung eines 485 bp langen Fragments der 16S rDNA zeigen 98 bis 100 % Sequenzähnlichkeit (Abb. 5.35). Zusammen mit dem in der vorliegenden Arbeit auf 100 m gefundenen nitritoxidierenden Bakterium *Nitrospira* spp. wird in Tiefen des DCM Ammonium zu Nitrit und weiter zu Nitrat oxidiert. Dies ist ein essentieller Nährstoff für viele Organismen. Bei der Ammonium-Oxidation nutzt *N. maritimus* CO_2 als Kohlenstoffquelle und das Ammonium als Elektronendonor (Herndl et al., 2005; Koenneke et al., 2005; Ingalls et al., 2006; Wuchter et al. 2006). Somit existiert in den

Diskussion

lichtdurchfluteten Zonen der euphotischen Zone neben der Photoautotrophie eine chemolithotrophe Primärproduktion. 25 % der in 100 m Tiefe detektierten Archaea sind *N. maritimus*.

Die auffällige Zunahme der Archaea in diesen Tiefen, wie sie aus den CARD-FISH Ergebnissen dieser Arbeit hervorgehen (Abb. 5.36), deutet auf die quantitative Dimension dieses Stoffwechselweges hin. Somit können oligotrophe Gewässer in biogeochemischen Kreisläufen entscheidend involviert sein, da die Ammonium-Oxidation von *N. maritimus* sowohl den Kohlenstoff- als auch den Stickstoffkreislauf miteinander verknüpft. In 1500 m Tiefe können 10 % der generierten Sequenzen dem Crenarchaeon *N. maritimus* zugeordnet werden (97 % Sequenzübereinstimmung). Eine Abnahme der crenarchaealen Ammonium Monooxigenase (*amoA*) über die Tiefe wird in vielen Arbeiten ermittelt (Wuchter et al., 2006; Agogué et al., 2009) und ist auch in der vorliegenden Arbeit über die 16S rDNA-Analyse erkennbar. In 4500 m Tiefe zeigt keine der gefundenen 16S rDNA-Sequenzen mehr eine Ähnlichkeit mit der 16S rDNA von *N. maritimus*. Allerdings deutet der zwischen 3000 m und 3500 m Tiefe erkennbare Rückgang des Ammoniums und die gleichzeitige Zunahme der Archaea in diesen Tiefen auf eine Zone archaealer Ammoniumoxidation hin. Im westlichen Mittelmeer wurde *N. maritimus* in 3000 m Tiefe detektiert (Yakimov et al., 2009).

Die Stickstofffixierung scheint in dem Untersuchungsgebiet durch zwei Prochlorococcus-Arten zu erfolgen. Die Existenz anderer stickstofffixierender Bakterien oder Archaea kann nicht ausgeschlossen werden, da nicht die gesamte Diversität der prokaryotischen Lebensgemeinschaften erfasst wurde und nicht alle ermittelten Sequenzen zu komplett sequenzierten Prokaryoten gehören. Die beiden gefundenen Cyanobakterien *Prochlorococcus marinus* str. NATL1A und *P. marinus* str. MIT 9211, welche komplett sequenziert sind, besitzen die für die Nitrogenase kodierenden Gene.

7 Ausblick

In dieser Arbeit konnte gezeigt werden, dass sich die prokaryotische Lebensgemeinschaft in der Ionischen See in epipelagische und bathypelagische Gemeinschaften unterscheiden lassen und im Epipelagial, aufgrund der geringeren Entfernung der Untersuchungsstellen von der Küste, saisonale Variationen der Nährstoffe und damit der Bakteriendichte auftreten. Die ozeanischen Bakteriendichten in der Tiefsee unterliegen dagegen keiner Saisonalität. Es konnte eine Abhängigkeit der bakteriellen Gemeinschaft von partikulärem organischem Material aufgezeigt werden. Die Diversität der prokaryotischen Gemeinschaft in den untersuchten Tiefenhorizonten ist wahrscheinlich durch die Stratifikation des organischen Materials bedingt. Diese Stratifizierung kann durch unterschiedliche Strömungen und durch die schrittweise Degradation des partikulären organischen Materials in der Wassersäule erklärt werden. Die Diversität der freilebenden Gemeinschaft ist in allen Tiefen ähnlich hoch, sodass der Temperatureffekt möglicherweise ausschlaggebend für die in anderen Seegebieten abnehmende Diversität über die Tiefe angesehen werden muss. Um die Wirkung von lateralen Einflüssen auf die Diversität der Prokaryoten zu untersuchen, besteht die Möglichkeit, mehrere Datensätze innerhalb einer Strömung aufzunehmen. Dafür eignet sich die Untersuchung des CDW mit der bereits isolierten genomischen DNA der Tiefen 1500 m, 2000 m, 2500 m und 3000 m. Die Diversität könnte mit Fingerprint-Methoden (T-RFLP, DGGE) erfasst werden, oder die bestehende 16S rDNA-Bibliothek könnte um Sequenzen aus diesen Tiefen erweitert werden.

Des Weiteren wäre es interessant, einen Datensatz mittels „sequence tags" der hypervariablen Region (V6) der rRNA in Kombination mit einer Metagenombank aus einem Seegebiet zu generieren, in dem die Temperaturdifferenz zwischen Oberfläche und Tiefsee ähnlich gering ist wie im Mittelmeer. Um den Effekt lateralen Transports auszuschließen, wäre ein Gebiet mit starker Tiefenwasserformation, wie z. B. in der Labrador See, sehr gut geeignet. Mit Hilfe der Metagenombank können Einblicke in die Enzymaustattung der in bestimmten Tiefen lebenden Prokaryoten gewonnen werden. Autoradiographie in Verbindung mit CARD-FISH wäre eine sinnvolle Anwendung, um die metabolische Aktivität zu messen.

Speziell für das in dieser Arbeit untersuchte Seegebiet bietet sich die Möglichkeit, die Primärproduktion im Hinblick auf chemolithoautotrophe Kreisläufe an der Oberfläche sowie in Zonen des Meso- und Bathypelagials detaillierter zu untersuchen. Mit den in dieser Arbeit gewonnenen Daten sind bereits erste Einblicke möglich gewesen. Das Vorhandensein Ammonium-oxidierender chemolithoautotropher Crenarchaea im Epipelagial verdeutlicht, dass alternative Primärproduktion in dem Seegebiet eine wichtige Rolle spielt. Dieser Befund sollte noch durch gezielte Amplifizierung der archaealen Ammonmium-Monooxygenase (*amoA*) gestärkt werden. Dies kann mit der bereits isolierten DNA erfolgen und sollte auch auf die Tiefenhorizonte 3000 m bis 4000 m erweitert werden. Ob neben dieser chemolithotrophen Primärproduktion von Crenarchaea noch andere autotrophe Organismen

Ausblick

mit besonderen Stoffwechselwegen vorkommen, wie z. B. Wasserstoffmetabolismus, ist nicht eindeutig geklärt. Obwohl die Abwesenheit der NAD(P)-gekoppelten [NiFe] Hydrogenase in den Gewässern des Untersuchungsgebiets nachgewiesen wurde, kommt noch eine weitere Klasse Hydrogenasen für die unterstützende Funktion des Energiestoffwechsels in Frage. Die aufnehmende Hydrogenase ist in vielen marinen Mikroorganismen vorhanden und dient zur Wasserstoffaufnahme. Die Existenz einer solchen Hydrogenase würde eine zusätzliche Quelle der Energiegewinnung sein. Die vorliegende Arbeit gibt bereits Hinweise darauf, dass diese Hydrogenase in dem Seegebiet vorkommen kann, da in den untersuchten Partikeln eine -Proteobakterienart (*A. macleodii* „deep ecotype") gefunden wurde, bei der bekannt ist, dass sie diese Hydrogenase besitzen. Ihre Lebensweise auf Partikeln in Tiefen größer 600 m deuten darauf hin, dass die mixotrophe Lebensform, die damit ermöglicht werden könnte, in dem Seegebiet speziell in größeren Tiefen existieren könnte. Ein weiteres Habitat, in dem Bakterien mit Hydrogenasen vermutet werden, sind Biofilme. In dieser Arbeit konnte ein weiteres hydrogenase-tragendes -Proteobakterium (*Neptuniibacter caesariensis* (93%)) auf der Glasoberfläche mit Hilfe der 16S rDNA detektiert werden. Um die aufnehmende Hydrogenase in der isolierten genomischen DNA der Proben nachzuweisen, wurden bereits spezifische Primer abgeleitet.

8 Literatur

Acinas, S. G., Antón, J. und Rodríguez-Valera, F. (1999). Diversity of Free-Living and Attached Bacteria in Offshore Western Mediterranean Waters as Depicted by Analysis of Genes Encoding 16S rRNA. *Appl. Environ. Microbiol.*, 65, 514 - 522

Acinas, S. G., Klepac-Ceraj, V. K., Hunt, D. E., Pharino, C., Ceraj, I., Distel, D. L. und Polz, M. F. (2004). Fine-scale phylogenetic architecture of a complex bacterial community. *Nature*, 430, 551 - 554

Aggouras, G. et al. (2006). LAERTIS, a multidisciplinary station. *Nucl. Instrum. Meth.*, A567, 468 - 473

Agogué, H., Brink, M., Dinasquet, J. und Herndl, G. J. (2009). Major gradients in putatively nitrifying and non-nitrifying Archaea in the deep North Atlantic. *Nature*, 456, 788 - 791

Alldredge, A. L. und Silver, M. W. (1988). Characteristics, dynamics and significance of marine snow. *Prog. Oceanogr.*, 20, 41 - 82

Alldredge, A. L. und Gotschalk, C. C. (1989). Direct observation of the mass flocculation of diatom blooms: characteristics, settling velocity and formation of diatom aggregates. *Deep-Sea Res. I*, 36, 159 - 171

Alldredge, A. L., Passow, U. und Logan, B. E. (1993). The abundance and significants of a class of large, transparent organic particles in the ocean. *Deep-Sea Res. I*, 40, 1131 - 1140

Altschul, S. F., Madden, T. L., Schäffer, A. A., Zhang, J., Zhang, Z., Miller, W. und Lipman, D. J. (1997). Gapped BLAST and PSI-BLAST: a new generation of protein database search programs. *Nucleic Acid Res.*, 25, 3389 - 3402

Aluwihare, L. I., Repeta, D. J. und Chen, R. F. (2002). Chemical composition and cycling of dissolved organic matter in the Mid-Atlantic Bight. *Deep-Sea Res. II*, 49, 4421 - 4437

Aluwihare, L. I., Repeta, D. J., Pantoja, S. und Johnson, C. G. (2005). Two chemical distinct pools of organic nitrogen accumulation in the ocean. *Science*, 308, 1007 - 1010

Amann, R. I., Zarda, B., Stahl, D. A. und Schleifer, K.-H. (1992). Identification of Individual Prokaryotic Cells by Using Enzyme-Labeled, rRNA-Targeted Oligonucleotide Probes. *Appl. Environ. Microbiol.*, 58, 3007 - 3011

Amann, R. I. (1995). Fluorescently labelled, rRNA-targeted oligonucleotide probes in the study of microbial ecology. *Molecular Ecology*, 4, 543 - 554

Aminot, A. und Kérouel, R. (2004). Dissolved organic carbon, nitrogen and phosphorus in the N-E Atlantic and the N-W Mediterranean with particular reference to non-refractory fractions and degradation. *Deep-Sea Res. I*, 51, 1975 - 1999

Arp, D. J., Chain, P. S. und Klotz, M. G. (2007). The impact of genome analyses on our understanding of ammonia-oxidizing bacteria. *Annu. Rev. Microbiol.*, 61, 503 - 528

Literatur

Artolozaga, I., Santamaría, E., Lópex, A., Ayo, B. und Iriberri, J. (1997). Succession of bacterivorous protests on laboratory-made marine snow. *J. Plankton Res.*, 19, 1429 - 1440

Ayoub, N., Le Traon, P. Y. und De May, P. (1998). A description of the Mediterranean surface variable circulation from combined ERS-1 and TOPEX/POSEIDON altimetric data. *J. Mar. Syst.*, 18, 3 - 40

Azam, F. und Smith, D. C. (1991). Bacterial influence on the variability in the ocean's biochemical state: a mechanistic view. Particle analysis in oceanography. In S. Demers (ed.), 213 - 236. NATO ASI series, G27, Springer Verlag, Berlin, Germany

Azam, F. und Long, R. A. (2001). Sea snow microcosms. *Nature*, 414, 495 - 498

Baas-Becking, L. G. M. (1934) Geobiologie of Inleiding tot de Milieukunde (Van Stockum und Zoon) Bacteria: Species Distribution in the Water Column. *Appl. Environ. Microbiol.*, 39, 302 - 306

Baker, P. W., Ito, K. und Watanabe, K. (2003). Marine prosthecate bacteria involved in the ennoblement of stainless steel. *Environ. Microbiol.*, 5, 925 - 932

Baltar, F., Arístegui, J., Sintes, E., van Aken, H. M., Gasol, J. M., und Herndl, G. J. (2009). Prokaryotic extracellular enzymatic activity in relation to biomass production and respiration in the meso- and bathypelagic waters of the (sub)tropical Atlantic. *Environ. Microbiol.*, 11, 1998 - 2014

Bano, N. und Hollibaugh, J. T. (2002). Phylogenetic composition of bacterioplankton assemblages from the Arctic Ocean. *Appl. Environ. Microbiol.*, 68, 505 - 518

Bano, N., Ruffin, S., Ransom, B. und Hollibaugh, J. T. (2004). Phylogenetic composition of Arctic Ocean archaeal assemblage and comparison with Antarctic assemblages. *Appl. Environ. Microbiol.*, 70, 781 - 789

Bartlett, D. H. (1992). Microbial life at high pressures. *Sci. Prog.*, 76, 479 - 496

Bartlett, D. H. und Bidle, K. A. (1999). Membrane-based adaptations of deep-sea piezophiles. In: Seckbach, J. (Ed.) Enigmatic Microorganisms and Life in Extreme Environments. Kluver Academic Publishing, Dotrecht, The Netherlands, 501 - 512

Beardsley, C., Pernthaler, J., Wosniok, W. und Amann, R. (2003). Are Readily Culturable Bacteria in Coastal North Sea Waters Suppressed by Selective Grazing Mortality? *Appl. Environ. Microbiol.*, 69, 2624 - 2630

Bechet, M und Blondeau, R. (2003). Factors associated with the adherence and biofilm formation by *Aeromonas caviae* on glass surfaces. *J. Appl. Microbiol.*, 94, 1072 - 1078

Beja, O., Koonin, E. V., Aravind, L., Taylor, L. T., Seitz, H., Stein, J. L., Bensen, D. C., Feldman, R. A., Swanson, R.V. und DeLong, E. F. (2002). Comparative genomic analysis of archaeal genotypic variants in a single population and in two different oceanic provinces. *Appl. Environ. Microbiol.*, 68, 335 - 345

Berg, I. A., Kockelkorn, D., Buckel, W. und Fuchs, G. (2007). A 3-hydroxypropionate/4-hydroxybutyrate autotrophic carbon dioxide assimilation pathway in Archaea. *Science*, 318, 1782 - 1786

Blackburn, N., Fenchel, T. und Mitchell, J. (1998). Microscale nutrient patches in planktonic habitats shown by chemotactic bacteria. *Science*, 282, 2254 - 2256

Borg, I. und Staufenbiel, Th. (1997). In: Theorien und Methoden der Skalierung. Verlag hans Huber, Bern

Brady, L. J., Piacentini, D. A., Crowley, P. J., Oyston, P. C. und Bleiweis, A. S. (1992). Differentiation of salivary agglutinin-mediated adherence and aggregation of mutans streptococci by use of monoclonal antibodies against the major surface adhesin P1. *Infect. Immun.*, 60, 1008 - 1017

Brennenstuhl, A. und Doherty, P. (1990) The economic impact of microbiologically influenced corrosion at Ontario Hydro's nuclear power plants. In Microbially Influenced Corrosion and Biodeterioration. Dowling, N. J., Mittelman, M. W. und Danko, J. C. (eds). Knoxville, TN: Institute for Applied Microbiology, 7 - 5

Broecker, W. S. und Peng, T. H. (1982). Tracers in the Sea. Lamont-Doherty Geological Observatory, Palisades, New York

Brown, M. V., Schwalbach, M. S., Hewson, I. und Fuhrman, J. A. (2005). Coupling 16S-IST rDNA clone libraries and ARISA to show marine microbial diversity: development and application to a time-series. *Environ. Microbiol.*, 7, 1466 – 1479

Capone, D. G., Zehr, J. P., Paerl, H. W., Bergman, B. und Carpenter, E. J. (1997). *Trichodesmium*, a globally significant marine cyanobacterium. *Science*, 276, 1221 - 1229

Caron, D. A., Davis, P. G., Madlin, L. P. und Sieburth, J. (1986). Enrichment of microbial populations in macroaggregates (marine snow) from surface waters of the North Atlantic. *J. Mar. Res.*, 44, 543 - 565

Cauwet, G. (1994). HTCO method for dissolved organic carbon analysis in seawater: influence of catalyst on blank estimation. *Mar. Chem.* 47, 55 – 64

Chin, W., Orellana, M. V. und Verdugo, P. (1998). Spontaneous assembly of marine dissolved organic matter into polymer gels. *Nature*, 391, 568 - 572

Cho, B. C. und Azam, F. (1988). Major role of bacteria in biogeochemical fluxes in the ocean's interior. *Nature*, 332, 441 - 443

Cho, J. C., Vergin, K. L., Morris, R. M. und Giovannoni, S. J. (2004). *Lentishaera araneosa* gen. nov., sp. nov., a transparent exopolymer producing marine bacterium, and the description of a novel bacterial phylum, Lentisphaerae. *Environ. Microbiol.*, 6, 611 - 621

Christaki, U., Giannakourou, A., Van Wambeke, F. und Grégori, G. (2001). Nanoflagellate predation on auto- and heterotrophic picoplankton in the oligotrophic Mediterranean Sea. *J. Plankton Res.*, 23, 1297 - 1310

Cohan, F. M. (2002). What are bacterial species? *Annu. Rev. Microbiol.* 56, 457 - 487

Cole, J. R., Chai, B., Marsh, T. L., Farris, R. J., Wang, Q., Kulam, S. A., Chandra, S., McGarrell, D. M., Schmidt, T. M., Garrity, G. M. und Tiedje, J. M. (2003). The Ribosomal Database Project (RDP-II): previewing a new autoaligner that allows regular updates and the new prokaryotic taxonomy. *Nucleic Acids Res.* I, 31, 442 - 443

Conrad, R. und Seiler, W. (1980). Contribution of hydrogen production by biological nitrogen fixation to the global hydrogen budget. *J. Geophys. Res.*, 85, 5493 - 5498

Conrad, R., Aragno, M. und Seiler, W. (1983). Production and consumpion of hydrogen in an eutrophic lake. *Appl. Environ. Microbiol.*, 45, 502 - 510

Conrad, R. und Seiler, W. (1988). Methane and hydrogen in seawater (Atlantic Ocean). *Deep-Sea Res.*, I, 35, 1903 - 1917

Costerton, J. W., Stewart, P. S. und Greenberg, E. P. (1999). Bacterial biofilms: a common cause of persistent infections. *Science*, 284, 1318 - 1322

Cournac, L., Guedeney, G., Peltier, G. und Vignais, P. M. (2004). Sustained photoevolution of molecular hydrogen in a mutant of *Synechocystis* sp. Strain PCC 6803 deficient in the type I NADPH-dehydrogenase complex, *J. Bacteriol.*, 186, 1737 - 1746

Cowen, J. P., Giovannoni, S. J., Kenig, F., Johnson, H. P., Butterfield, D., Rappé, M. S., Hutnak, M. und Lam, P. (2003). Fluids from Aging Ocean Crust that Support Microbial Life. *Science*, 299, 120 - 123

Crump, B. C., Armbrust, E. V. und Baross, J. A. (1999). Phylogenetic analysis of particle-attached and free-living bacterial communities in the Columbia river, its estuary, and the adjacent ocean. *Appl. Environ. Microbiol.*, 65, 3192 - 3204

Danovaro, R., Marrale, D., Dell'Anno, A., Delia Croce, N., Tselepides, A. und Fabiano, M. (2000). Bacterial response to seasonal changes in labile organic matter composition on the continental shelf and bathyal sediments of the Cretan Sea. *Prog. Oceanogr.*, 46, 345 - 366

De Kievit, T. R. und Iglweski, B. H. (2000). Bacterial quorum-sensing in pathogenic relationships. *Infect. Immun.*, 68, 4839 - 4849

Decho, A. W. (1990). Microbial exopolymer secretions in ocean environments: their role(s) in food webs and marine processes. *Oceanogr. Mar. Biol. Annu. Rev.*, 28, 73 - 153

Decho, A. W. und Herndl, G. J. (1995). Microbial activities and the transformation of organic matter within mucilaginous material. *Sci. Total Environ.*, 165, 33 - 42

DeLong, E. F. (1992). Archaea in coastal marine environments. *Proc. Natl. Acad. Sci. USA*, 89, 5685 - 5689

DeLong, E. F., Franks, D. G. und Alldredge, A. L. (1993). Phylogenetic diversity of aggregate-attached and free-living marine bacterial assemblage. *Limnol. Oceanogr.*, 38, 924 - 934

DeLong, E. F., Wu, K. Y., Prezelin, B. B. und Jovine, R. V. M. (1994). High abundance of *Archaea* in Antarctic marine picoplancton. *Nature*, 371, 695 - 697

DeLong, E. F. (2005). Microbial community genomics in the ocean. *Nature Rev. Microbiol.* 3, 459 - 469

DeLong, E. F., Preston, C. M., Mincer, T., Rich, V., Hallam, S. J., Frigard, N. U., et al. (2006). Community genomics among stratified microbial assemblages in the ocean's interior. *Science*, 311, 496 - 503

Dickinson, W. H., Caccavo, F., Olesen, B. und Lewandowski, Z. (1997). Ennoblement of stainless steel by the manganese-depositing bacterium *Leptothrix discophora*. *Appl. Environ. Microbiol.*, 63, 2502 - 2506

Donlan, R. M. und Costerton, J. W. (2002). Biofilms: survival mechanisms of clinical relevant microorganisms. *Clin. Microbiol. Rev.*, 15, 167 - 193

Ducklow, H. (1993). Microbial ecology of the oceans. (ed. Kirchmann, D. L.), 85 – 120, Wiley-Liss, New York,

Dunbar, J., Barns, S. M., Ticknor, L. O. und Kuske, C. R. (2002). Empirical and theoretical bacterial diversity in four Arizona soils. *Appl. Environ. Microbiol.*, 6, 3035 - 3045

Dunny, G. M. und Winans, S. C. (1999). Cell-Cell Signaling in Bacteria (eds Dunny, G. M. und Winans, S. C.), ASM Press, Washington, 1 - 5

Dykhuizen, D. E. (1998). Santa Rosalia revisited: why are there so many species of bacteria? Antonie van Leeuwenhoek, 73, 25 - 33

Eckstein, J. W., Cho, K. W., Colepicolo, P., Ghisla, S., Hastings, J. W. und Wilson, T. (1990). A time-dependent bacterial bioluminescence emission spectrum in an in vitro single turnover system: energy transfer alone cannot account for the yellow emission of *Vibrio fischeri* Y-1. *Proc. Natl. Acad. Sci. USA*, 87, 1466 - 1470

Egli, K., Fanger, U., Alvarez, P., Siegrist, H., van der Meer, J. R. und Zehnder, A. J. B. (2001). Enrichment and characterization of a new anammox bacteria from rotating biological contacter treating an ammonium-rich leachate. *Arch. Microbiol.*, 175, 198 - 207

Elvert, M., Suess, E. und Whiticar, M. J. (1999). Anaerobic methane oxidation associated with marine gas hydrates: superlight C-isotopes from saturated and unsaturated C_{20} and C_{25} irregular isoprenoids. Naturwissenschaften, 86, 295 - 300

Engebrecht, J., Nealson, K. L. und Silverman, M. (1983). Bacterial bioluminescence: isolation and genetic analysis of the functions from *Vibrio fischeri*. *Cell*, 32, 773 - 781

Engebrecht, J. und Silverman, M. (1987). Nucleotide sequence of the regulatory locus controlling expression of bacterial genes for bioluminescence. *Nucleic Acids Res.*, 15, 10455 - 10467

Engel, A. und Passow, U. (2001). Carbon and nitrogen content of transparent exopolymer particles (TEP) in relation to their Alcian Blue adsorbtion. *Mar. Ecol. Pro. Ser.*, 219, 1 - 10

Engel, A. (2004). Distribution of transparent exopolymer particles (TEP) in the northeast Atlantic Ocean and their potential significance for aggregation processes. *Deep-Sea Res.* I 51, 83 - 92

Felsenstein, J. (2002). PHYLIP, phylogeny inference package, version 3.6a3. Department of Genome Sciences, University of Washington, Seattle

Fenchel, T. und Finlay, B. J. (2004). The ubiquity of small species: patterns of local and global diversity. *Bioscience*, 54, 777 - 784

Field, K. G., Gordon, D., Wright, T., Rappé, M., Urback, E., Vergin, K. und Giovannoni, S. J. (1997). Diversity and depth-specific distribution of SAR11 cluster rRNA genes from marine planktonic bacteria. *Appl. Environ. Microbiol.*, 1997, 63, 63 - 70

Fierer, N. (2008). In Accesing Uncultivated Microorganisms: From the Environment to Organisms and Genomes and Back (ed. Zengler, K.), ASM Press, 95 - 115

Foissner, W. (2006). Biogeography and dispersal of microorganisms: a review emphasizing protists. *Acta Protozool.*, 45, 111 - 136

Fowler, S. W. und Knauer, G. A. (1986). Role of large particles in the transport of elements and organic compounds through the oceanic water column. *Progress in Oceanography*, 16, 147 – 194

Francis, C. A., Roberts, K. J., Beman, J. M., Santoro, A. E. und Oakley, B. B. (2005). Ubiquity and diversity of ammonia-oxidizing Archaea in water columns and sediments of the ocean. *Proc. Natl. Acad. Sci.* USA, 102, 14683 - 14688

Francis, C. A., Beman, J. M. und Kypers, M. M. M. (2007). New processes and players in the nitrogen cycle: the microbial ecology of anaerobic and archaeal ammonia oxidation. *ISME J.*, 1, 19 - 27

Frigaard, N. U., Martinez, A., Mincer, T. J. und DeLong, E. F. (2006). Proteorhodopsin lateral gene transfer between marine planktonic Bacteria and Archaea. *Nature*, 439, 847 - 850

Fuhrman, J. A., McCallum, K. und Davis, A. A. (1992). Novel major archaebacteria group from marine plankton. *Nature*, 356, 148 - 149

Fuhrman, J. A., McCallum, K. und Davis, A. A. (1993). Phylogenetic diversity of subsurface marine microbial communities from the Atlantic and Pacific Oceans. *Appl. Environ. Microbiol.*, 59, 1294 - 1302

Fuhrman, J. A. und Davis, A. A. (1997). Widespread Archaea and novel Bacteria from the deep sea as shown by 16S rRNA gene sequences. *Mar. Ecol. Prog. Ser.*, 150, 275 - 285

Fuhrman, J. A., Steele, J. A., Hewson, J., Schwalbach, M. S., Brown, M. V., Green, J. L. und Brown, J, H. (2008). A latitudinal diversity gradient in planktonic marine bacteria. *Proc. Natl. Acad. Sci.* USA, 105, 7774 - 7778

Fuhrman, J. A. (2009). Microbial community structure and its functional implications. *Nature*, 459, 193 - 198

Literatur

Fuqua, W. C., Winans, S. C. und Greenberg, E. P. (1994). Quorum-sensing in bacteria: the LuxR-LuxI family of cell density-responsive transcriptional regulators. *J. Bacteriol.*, 176, 269 – 275

Gera, C. und Srivastava, S. (2006). Quorum-sensing: The phenomenon of microbial communication. *Science*, 90, 666 - 677

Gasol, J. M., Zweifel, U. L, Peters, F., Fuhrman, J. A. und Hagström, Å. (1999). Significance of Size and Nucleic Acid Content Heterogeneity as Measured by Flow Cytometer in Natural Planctonic Bacteria. *Appl. Environ. Microbiol.*, 65, 10, 4475 – 4483

Ghiglione, J. F., Mevel, G., Pujo-Pay, M., Mousseau, L., Lebaron, P. und Goutx, M. (2007). Diel and seasonal variations in abundance, activity, and community structure of particle-attached and free-living bacteria in NW Mediterranean Sea. *Microb. Ecol.*, 54, 217 - 231

Giovannoni, S. J. und Stingl, U. (2005). Molecular diversity and ecology of microbial plankton. *Nature,* 437, 343 - 348

Golnaraghi, M. und Robinson, A. R. (1994). Dynamical studies of the Eastern Mediterranean circulation. In: Malanotte-Rizzoli und Robinson A. R. (eds.). Ocean processes in Climate Dynamics: Global and Mediterranean Examples, NATO ASI Series, 419, 395 - 406. Kluwer Academic Publ., Dordrecht

Gotsis-Skretas, O., Assimakopoulou, G. und Chadjianestis, J. (2001). Biomass and phytoplankton production. In INTERREG II Greece-Italy : Net for the South Adriatic and the Ionian waters management. Final Report Athens: NCMR

Gotsis-Skretas, O. und Ignatiades, L. (2005). SoHelMe, 2005. In State of the Hellenic Marine Environment. Papathanassiou, E. und Zenetos, A. (eds.), HCMR Pupl., 360 pp

Gram, L., Grossart, H.-P., Schlingloff, A. und Kiørboe, T. (2002). Possible Quorum-Sensing in Marine Snow Bacteria: Production of Acylated Homoserine Lactones by *Roseobacter* Strains Isolated from Marine Snow. *Appl. Environ. Microbiol.*, 68, 4111 - 4116

Grasshoff, K., Ehrhardt, M. und Kremling, K. (eds) (1983). Methods of seawater analysis, 2nd edn. Verlag Chemie, Weinheim, 419

Green, J. und Bohannan, B. J. (2006). Spatial scaling of microbial biodiversity. *Trends Ecol. Evol.*, 21, 501 - 507

Gross, H. P., Lehle, K., Jaenicke, R. und Nierhaus, K. H. (1993). Pressure induced dissociation of ribosomes and elongation cycle intermediates. Stabilizing conditions and identification of the most sensitive functional state. *Eur. J. Biochem.*, 218, 463 - 468

Grossart, H. -P. und Simon, M. (1998). Bacterial colonization and microbial decomposition of limnic organic aggregates (lake snow). *Aquat. Microb. Ecol.*, 15, 127 - 140

Grossart, H. -P., Riemann, L. und Azam, F. (2001). Bacterial motility in the sea and its ecological implications. *Aquat. Microb. Ecol.*, 25, 247 – 258

Hall-Stoodley, L., Costerton, J. W. und Stoodley, P. (2004). Bacterial biofilms: From the environment to infectious disease. *Nat. Rev. Microbiol.*, 2, 95 - 108

Hall-Stoodley, L. und Stoodley, P. (2005). Biofilm formation and dispersal and the transmission of human pathogens. *Trends Microbiol.*, 1, 7 - 10

Hallam, S. J., Konstantinidis, K. T., Putnam, N., Schleper, C., Watanabe, Y., Sugahara, J., Preston C., de la Torre, J., Richardson, P. M. und DeLong, E. F. (2006a). Genomic analysis of the uncultivated marine crenarchaeote *Cenarchaeum symbiosum*. *Proc. Natl. Acad. Sci.* USA, 103, 18296 - 18301

Hallam, S. J., Mincer, T. J., Schleper, C., Preston, C. M., Roberts, K., Richardson, P. M. und DeLong, E. F. (2006b). Pathways of carbon assimilation and ammonia oxidation suggested by environmental genomic analyses of marine Crenarchaeota. *PLoS Biol.* 4, e95

Harder, J. (1997). Anaerobic methane oxidation by bacteria employing 14C methane uncontaminated with ^{14}C-carbon monoxide. *Marine Geology*, 137, 13 – 23

Hastings, J. W., Potrikas, C. J., Grupta, S. C., Kurfürsten, M. und Makemson, J. C. (1985). Biochemistry and physiology of bioluminescent bacteria. *Adv. Microbiol. Physiol.*, 26, 235 - 291

Hastings, J. W. und Greenberg, E. P. (1999). Quorum sensing: the explanation of a curious phenomenon reveals a common characteristic of bacteria. *J. Bacteriol.*, 181, 2667 - 2668

Hebel, D., Knauer, G. A. und Martin, J. H. (1986). Trace metals im large agglomerates (marine snow). *J. Plankton Res.*, 8, 819 - 824

Heissenberger, A., Leppard, G. G. und Herndl, G. J. (1996). Ultrastructure of marine snow. II. Microbiological considerations. *Mar. Ecol. Prog. Ser.*, 135, 299 - 308

Herndl, G. J., Reinthaler, T., Teira, E., van Aken, H., Veth, C., Pernthaler, A. und Pernthaler, J. (2005). Contribution of Archaea to total procaryotic production in the deep Atlantic Ocean. *Appl. Environ. Microbiol.*, 71, 2303 - 2309

Herndl, G. J., Agogué, H., Baltar, F., Reinthaler, T., Sintes, E. und Varela, M. M. (2008). Regulation of aquatic microbial processes: the 'microbial loop' of the sunlit surface waters and the dark ocean dissected. *Aquat. Microb. Ecol.*, 53, 59 - 68

Herr, F. L., Scranton, M. I. und Barger, W. R. (1981). Dissolved hydrogen in the Norwegian Sea: mesoscale surface variability and deep water distribution. *Deep-Sea Res.*, 28, 1001 - 1016

Herr, F. L., Frank, E. C., Leone, G. M. und Kennicutt, M. C. (1984). Diurnal variability of dissolved molecular hydrogen in the tropical South Atlantic ocean. *Deep-Sea Res.*, 31, 13 - 20

Hewson, I., Steele, J. A., Capone, D. G. und Fuhrman J. A. (2006). Remarkably heterogeneity in meso- and bathypelagic bacterioplankton assemblage composition. *Limnol. Oceanogr.*, 51, 1274 - 1283

Hill, T. C. J., Walsh, K. A., Harris, J. A. und Moffett, B. F., (2003). Using ecological diversity measures with bacterial communities. *FEMS Microbiol. Ecol.*, 43, 1 - 11

Hoehler, T. M., Alperin, M. J., Albert, D. B. und Martens, C. S. (1994). Field and laboratory studies of methane oxidation in an anoxic marine sediment: evidence for a methanogen-sulfate reducer consortium. *Global Biogeochem. Cycles,* 8, 451 - 463

Hollibaugh, J. T., Wong, P.S. und Murrell, M. C. (2000). Similarity of particle-associated and free-living bacterial communities in northern San Francisco Bay, California. *Aquat. Microb. Ecol.,* 21, 103 - 114

Holmquist, L. und Kjelleberg, S. (1993). Changes in viability, respiratory activity and morphology of the marine *Vibrio* sp. Strain S14 during starvation of individual nutrients and subsequent recovery. *FEMS Microbiol. Ecology,* 12, 215 - 224

Hopkins, T. S. (1978). Physical Processes in the Mediterranean Basins. Estuarine Transport Processes. Björn Kjerfve (ed.) Columbia_University of South Carolina Press, 269 - 310

Huber, J. A., Butterfield, D. A. und Baross, J. A. (2003). Bacterial diversity in a subseafloor habitat following a deep-sea volcanic eruption. *FEMS Microbiol. Ecol.,* 43, 393 - 409

Huber, J. A., Johnson, H. P., Butterfield, D. A. und Baross, J. A. (2006). Microbial life in ridge flank crustal fluids. *Appl. Environ. Microbiol.,* 8, 88 - 99

Ingalls, A. E., Shah, S. R., Hansman, R. L., Aluwihare, L. I., Santos, G. M., Druffel, E. R. und Pearson, A. (2006). Quantifying archaeal community autotrophy in the mesopelagic ocean using natural radiocarbon. *Proc. Natl. Acad. Sci.* USA, 103, 6442 - 6447

Ito, K., Matsuhashi, R., Kato, T., Miki, O., Kihira, H., Watanabe, K. und Baker, P. (2002). Potential Ennoblement of Stainless Steel by Marine Biofilm and Microbial Consortia Analysis. Houston, TX: Corrosion 2002, NACE International

IUPAC-IUB Commission on Biochemical Nomenclature. Abbreviations and Symbols for the Description of the Conformation of Polypeptide Chains. Tentative Rules (1969).

Jensen, P. Ø., Bjarnsholt, T., Phipps, R., Rasmussen, T. B., Calum, H., Christoffersen, L., Moser, C., Williams, P., Presser, T., Givskov, M. und Hiøby, N. (2007). Rapid necrotic killing of polymorphonuclear leukocytes is caused by quorum-sensing-controlled production of rhamnolipid by *Pseudomonas aeruginosa. Microbiol.,* 153, 1329 - 1338

Jin, L. und Nei, M. (1990). Limitations of the evolutionary parsimony method of phylogenetic analysis. *Mol. Biol. Evol.,* 7, 82 - 102

Johnson, B. D. und Kepkay, P. E. (1992). Colloid transport and bacterial utilization of oceanic DOC. *Deep-Sea Res.,* 39, 855 - 869

Jukes, T. H. und Cantor, C. R. (1969). Evolution of protein molecules. In H. N. Munro (ed.), Mammalian protein metabolism, 21 - 132. Academic Press, New York

Kaneko, T. und Colwell, R. R. (1973). Ecology of *Vibrio parahaemolyticus* in Chesapeake Bay. *J. Bacteriol.,* 113, 24 - 32

Kang, Y., Liu, H., Genin, S., Schell, M. A. und Denny, T. P. (2002). *Ralstonia solanacearum* requires type 4 pili to adhere to multiple surfaces and for natural transformation and virulence. *Mol. Microbiol.,* 46, 427 - 437

Literatur

Karageorgis, A. P. und Stavrakakis, S. (2005). Particulate matter dynamics and fluxes. In SoHelME, State of the Helenic Marine Environment. Papathanassiou, E. und Zenetos, A. (eds), HCMR Publ., 78 -87

Karatan, E. und Watnik, P. (2009). Signals, Regulatory Networks, and Materials that build and break bacterial biofilms. *Microbiol. Mol. Biol. Rev.*, 73, 310 - 347

Karner, M. und Herndl, G. J. (1992). Extracellular enzymatic activity and secondary production in free-living and marine snow associated bacteria. *Mar. Biol.*, 113, 341 - 347

Karner, M. und Fuhrman, J. A. (1997). Determination of active marine bacterioplankton: a comparison of universal 16S rRNA probes autoradiography, and nucleoid staining. *Appl. Environ. Microbiol.*, 63, 1208 - 1213

Karner, M. B., DeLong, E. F. und Karl, D. M. (2001). Archaeal dominance in the mesopelagic zone of the Pacific Ocean. *Nature*, 409, 507 - 510

Kaspar, C. W. und Tamplin, M. L. (1993). Effects of temperature and salinity on the survival of *Vibrio vulnificus* in seawater and shellfish. *Appl. Environ. Microbiol.*, 59, 2425 - 2429

Kato, C., Sato, T. und Horikoshi, K. (1995a). Isolation and properties of barophilic and barotolerant bacteria from deep-sea mud samples. *Biodiv. Conserv.*, 4, 1 - 9

Kato, C., Smorawinska, M., Sato., T. und Horikoshi, K. (1995b). Cloning and expression in *Escherichia coli* of a pressure-regulated promotor region from a barophilic bacterium, strain DB6705. *J. Mar. Biotechnol.*, 2, 125 - 129

Kielemoes, J., Bultinck, I., Storms, H., Boon, N. und Verstraete, W. (2002). Occurrence of manganese-oxidizing microorganisms and manganese deposition during biofilm formation on stainless steel in a brackish surface water. *FEMS Microbiol. Ecol.*, 39, 41 - 55

Kimura, M. (1980). A simple method for estimating evolutionary rate of base substitutions through comparative studies of nucleotide sequences. *J. Mol. Evol.*, 16, 111 - 120

King, G. M. (2003). Uptake of carbon monoxide and hydrogen at environmentally relevant concentrations by mycobacteria. *Appl. Environ. Microbiol.*, 69, 7266 - 7272

King, G. M. und Weber, C. F. (2007). Distribution, diversity and ecology of aerobic CO-oxidizing bacteria. *Nat. Rev. Microbiol.*, 5, 107 - 117

Kiørboe, T. und Hansen, J. L. S. (1993). Phytoplankton aggregation formation-observations of patterns and mechanisms of cell sticking and the significance of exopolymeric material. *J. Plankton Res.*, 15, 993 - 1018

Kiørboe, T. (2001). Formation and fate of marine snow: small-scale processes with large-scale implications. *Scientia Marina*, 65, 57 - 71

Kiørboe, T. und Jackson, G. A. (2001). Marine snow, organic solute plumes, and optimal chemosensory behaviour of bacteria. *Limnol. Oceanogr.*, 46, 1309 - 1318

Kiørboe, T., Grossart, H. –P., Ploug, H. und Tang, K. (2002). Mechanisms and Rates of Bacterial Colonization of Sinking Aggregates. *Appl. Environ. Mircobiol.*, 68, 3996 - 4006

Kiørboe, T., Tang, K., Grossart, H. -P. und Ploug, H. (2003). Dynamics of Microbial Communities on Marine Snow Aggregates: Colonization, Growth, Detachment, and Grazing Mortality of Attached Bacteria. *Appl. Environ. Mircobiol.*, 69, 3036 - 3047

Kirov, S. M., Castrisios, M. und Shaw, J. G. (2004). *Aeromonas* flagella (polar and lateral) are enterocyte adhesins that contribute to biofilm formation on surfaces. *Infect. Immun.*, 72, 1939 - 1945

Koenneke, M., Bernhard, A. E., de la Torre, J. R., Walker, C. B., Waterbury, J. B. und Stahl, D. A. (2005). Isolation of an autotrophic ammonia-oxidizing marine archaeon. *Nature*, 437, 543 - 546

Kontoyiannis, H., Balopoulos, E., Gotsis-Skretas, O., Pavlidou, A., Assimakopoulou, G. und Papageorgiou, E. (2005). The hydrology and biochemistry of the Cretan Straits (Antikithira and Kassos Straits) revisited in the period June 1997 - May 1998. *J. Marine Syst.*, 53, 37 - 57

Kormas, K. A., Kapiris, K., Thessalou-Legaki, M. und Nicolaidou, A. (1998). Quantitative relationships between phytoplankton, bacteria and protists in an Aegean semi-enclodes embayment (Maliakos Gulf, Greece). *Aquat. Microb. Ecol.*, 15, 255 - 264

Krom, M. D., Brenner, S., Kress, N. und Gordon. L. I. (1991). Phosphorus limitation of primary productivity in the eastern Mediterranean. *Limnol. Oceanogr.* 36, 424 - 432

La Cono, V., Tamburini, C., Genovese, L., La Spada, G., Denaro, R. und Yakimov, M. M. (2009). Cultivation-independent assessment of the bathypelagic archaeal diversity of Tyrrhenian Sea: Comparative study of rDNA and rRNA-derived libraries and influence of samole decompression. *Deep-Sea Res.* II, 56, 768 - 773

Lalli, C. M. und Parson, T. R. (1997). Biological Oceanography. An Introduction. 2nd edition. University of British Columbia, Vancouver, Canada. Butterworth Heinemann

Lam, P., Jensen, M. M., Lavik, G., McGinnis, D. F., Muller, B., Schubert, C. J., Amann, R., Thamdrup, B. und Kuypers, M. M. M. (2007). Linking crenarchaeal and bacterial nitrification to anammox in the Black Sea. *Proc. Natl. Acad. Sci.* USA, 104, 7104 - 7109

Lam, P., Lavik, G., Jensen, M. M., van de Vossenberg, J., Schmid, M., Woebken, D., Gutiérrez, D., Amann, R., Jetten, M. S. M. und Kuypers, M. M. M. (2009). Revising the nitrogen cycle in the Perivian oxygen minimum zone. *PNAS* early edition, 1 - 6

Lane, D. J. (1991). 16S/23S rRNA sequencing, p. 115176 In E. Stackebrandt and M. Goodfellow [eds.]. Nucleic acid techniques in bacterial systematics. Wiley and Sons.

Larnicol, G., Ayoub, N. und Le Traon, P. Y. (2002). Major changes in the Mediterranean Sea level variability from 7 years of TOPEX/POSEIDON and ERS-1/2 data. *J. Mar. Syst.* 33/34, 63 - 89

Literatur

Lauriano, C. M., Ghosh, C., Correa, N. E. und Klose, K. E. (2004). The sodium-driven flagellar motor controls exopolysaccharide expression in *Vibrio cholerae*. *J. Bacteriol.*, 186, 4864 - 4874

Lauro, F. M., Chastain, R. A., Blankenship, L. E., Yayanos, A. A. und Bartlet, D. H. (2007). The Unique 16S rRNA Genes of Piezophiles Reflect both Phylogeny and Adaptation. *Appl. Environ. Microbiol.* 73, 838 - 845

Lauro, F. M. und Bartlett, D. H. (2008). Prokaryotic lifestyles in deep sea habitats. *Extremophiles*, 12, 15 - 25

Lazazzera, B. A. und Grossman (1998). The ins and outs of peptide signalling. *Trends Microbiol.*, 7, 288 - 294

Lebaron, P., Parthuisot, N. und Catala, P. (1998). Comparison of Blue Nucleic Acid Dyes for Flow Cytometric Enumeration of Bacteria in Aquatic Systems. *Appl. Environ. Microbiol.*, 64, 1725 - 1730

Lee, B.-G. und Fisher, N., (1993). Release rate of trace elements and protein from decomposing debris I. Phytoplankton debris. *J. Mar. Res.*, 51, 391 - 421

Lee, J. (1985). The mechanism of bacterial bioluminescence. In: Burr, J. G. Chemiluminescence and bioluminescence. Marcel Dekker, Inc., New York, 401 - 437

Lemon, K. P., Higgins, D. E. und Kolter, R. (2007). Flagellar motility is critical for *Listeria monocytogenes* biofilm formation. *J. Bacteriol.*, 189, 4418 - 4424

Lenz, A. P., Williamson, K. S., Pitts, B., Stewart, P. S. und Franklin, M. J. (2008). Localized gene expression in *Pseudomonas aeruginosa* biofilms. *Appl. Environ. Microbiol.*, 74, 4463 - 4471

Limonov, A. F., Woodside, J. M., Cita, M. B. und Ivanov, M. K. (1996). The Mediterranean Ridge and related mud diapirism: a background. *Mar. Geol.*, 132, 7 - 20

Liu, Z., Lozupone, C., Hamady, M., Bushman, F. D. und Knight, R. (2007). Short pyrosequencing reads suffice for accurate microbial community analysis. *Nucleic Acids Res.*, 35, 1 - 10

Lochte, K., Boetius, A. und Petry, C. (1999). Microbial food webs under severe nutrient limitations: Life in the deep sea. Microbial Biosystems: New Frontiers. Proceedings of the 8th International Symposium on Microbial Ecology. In: Bell, C. R., Brylinsky M., Johnson-Green, P. (eds). Atlantic Canada Society fot Microbial Ecology, Halifax, Canada.

Long R. A. und Azam, F. (2001). Antagonistic interactions among marine pelagic bacteria. *Appl. Environ. Microbiol.*, 67, 4975 - 4983

López-García, P., Brochier, C., Moreira, D. und Rodríguez -Valera, F. (2004). Comparative analysis of a genome fragment of an uncultivated mesopelagic crenarchaeote reveals multiple horizontal gene transfers. *Environ. Microbiol.*, 6, 19 - 34

Lorenzen, C. J. (1967). Determination of chlorophyll and pheo-pigments: Spectrophotometric equations. *Limnol. Oceanogr.*, 12, 343 - 347

Literatur

Lozupone, C. A. und Knight, R. (2008). Species divergence and the measurement of microbial diversity. *FEMS Microbiol. Rev.*, 32, 557 - 578

Madigan, M. T., Martinko, J. M. und Parker, J. (2002). In: Brock Mikrobiologie. Werner Goebel (Herausgeber), Berlin Spektrum, Akad.-Verl.

Mai-Prochnow, A., Lucas-Elio, P., Egan, S., Thomas, T., Webb, J. S., Sanchez-Amat, A. und Kjelleberg, S. (2008). Hydrogen peroxide linked to lysine oxidase activity facilitates biofilm differentiation and dispersal in several gramnegative bacteria. *J. Bacteriol.* 190, 5493 - 5501

Malanotte-Rizolli, P., Manca, B. B., D'Alcala, M. R., Theocharis, A., Bergamasco, A., Bregant, D., Budillon, G., Civitarese, G., Georgopoulos, D., Michelato, A., Sansone, A., Scarazzato, P. und Souvermezoglou, E. (1997). A synthesis of the Ionian Sea hydrography, circulation and water mass pathways during POEM-Phase I. *Prog. Oceanogr.* 39, 153 – 204

Malmstrom, R. R., Kiene, R. P., Cottrell, M. T. und Kirchman, D. L. (2004). Contribution of SAR11 bacteria to dissolved dimethylsulfoniopropionate and amino acid uptake in the North Atlantic Ocean. *Appl. Environ. Microbiol.*, 70, 4129 - 4135

Malmstrom, R. R., Cottrell, M. T., Elifantz, H. und Kirchman, D. L. (2005). Biomass production and assimilation of dissolved organic matter by SAR11 bacteria in the Northwest Atlantic Ocean. *Appl. Environ. Microbiol.*, 71, 2979 - 2986

Malone, T. C., Pike, S. E. und Conley, D. J. (1993). Transient variations in phytoplankton productivity at the JGOFS Bermuda time series station. *Deep-Sea Res.* I, 40, 903 - 924

Mantoura, R. F. C. und Llewellyn, C. A. (1983): The rapid determination of algal chlorophyll and carotenoid pigments and their breakdown products in natural waters by reserved-phase high-perfomance liquid chromatography. *Analyt. Chim. Acta*, 151, 297 - 314

Marmo, S. A., Nurmiaho-Lassila, E. -L., Varjonen, O. und Salkinoja-Salonen, M. S. (1990). Biofouling and microbially induced corrosion on paper machines. In Microbially Influenced Corrosion and Biodeterioration. Dowling, N. J., Mittelman, M. W. and Danko, J. C. (eds). Knoxville, TN: Institute for Applied Microbiology, 4 - 33

Martin-Cuadrado, A. -B., López-García, P., Alba, J.-C., Moreira, D., Monticelli, L., Strittmatter, A., Gottschalk, G. und Rodríguez-Valera, F. (2007). Metagenomics of the deep Mediterranean, a warm bathypelagic habitat. *PLoS one*, 9, e914

Martin-Cuadrado, A.-B., Rodriguez-Valera, F., Moreira, D., Alba, J. C., Ivars-Martinez, E., Henn, M. R., Talla, E. und López-García, P. (2008). Hindsight in the relative abundance, metabolic potential and genome dynamics of uncultivated marine archaea from comparative metagenomic analyses of bathypelagic plankton of different oceanic regions. *ISME J.* 2, 865 - 886

Martiny, J. B. H., Bohannan, B. J. M., Brown, J. H, Colwell, R. K., Fuhrman, J. A., Green J. L., Horner-Devine, M. C., Kane, M., Krumins, J. A., Kuske, C. R., Morin, P. J., Naeem,

Literatur

S., Øvreås, L., Reysenbach, A. -L., Smith, V. H. und Staley, J. T. (2006). Microbial biogeography: putting microorganisms on the map. *Nature Rev. Microbiol.*, 4, 101 - 112

Massana, R., DeLong, E. F. und Pedros-Alio, C. (2000). A few cosmopolitan phylotypes dominate planktonic archaeal assemblages in widely different oceanic provinces. *Appl. Environ. Microbiol.*, 66, 1777 - 1787

Matteoda, A. M. und Glenn, S. M. (1996). Observations of recurrent mesoscale eddies in the Eastern Mediterranean. *J. Geophys. Res.*, 101, 20687 - 20109

Mattila, K., Carpen, L., Hakkarainen, T. und Salkinoja-Salonen, M. S. (1997). Biofilm development during ennoblement of stainless steel in Baltic Sea water: a microscopic study. *Int. Biodeteriol. Biodegrad.*, 40, 1 - 10

McDougald, D., Kjelleberg, S. (2006). Adaptive responses to *Vibrios*. In: Thompson FL, Austin B, Swings J. (eds). The biology of *Vibrios*. ASM, Washington, D.C., 133 - 155

McFall-Ngai, M. J. und Ruby, E. G. (1991). Symbiont recognition and subsequent morphogenesis as early events in an animal-bacterial mutualism. *Science*, 254, 1491 - 1494

McGill, D. A. (1965). The relative supplies of phosphate, nitrate and silicate in the Mediterranean Sea. *Rapp. Comm. Int. Mer. Medit.*, 18, 734 - 744

Meighen, E. A. (1993). Bacterial bioluminescence: organization, regulation, and application of the *lux* genes. *FASEB J.*, 7, 1016 - 1022

Merker, R. I. und Smith, J. (1988). Characterization of the adhesive holdfast of marine and freshwater *caulobacters*. *Appl. Environ. Microbiol.*, 54, 2078 - 2085

Merz, A. J., So, M. und Sheetz, M. P. (2000). Pilus retraction powers bacterial twitching motility. *Nature*, 407, 98 - 102

Michaels, A. F., Knap, A. H., Dow, R. L., Gundersen, K., Johnson, R. J., Sorensen, J., Close, A., Knauer, G. A., Lohrenz, S. E., Asper, V. A., Tuel, M. und Bidigare, R. (1994). Seasonal patterns of ocean biochemistry at the U.S. JGOFS Bermuda Atlantic Time Series study site. *Deep-Sea Res.*, 41, 1013 – 1038

Mitchell, J. G., Pearson, L., Dillon, S. und Kantalis, K. (1995). Natural Assemblages of Marine Bacteria Exhibiting High-Speed Motility and large Accelerations. *Appl. Environ. Microbiol.*, 61, 4436 - 4440

Mitchell, J. G., Pearson, L. und Dillon, S. (1996). Clustering of marine bacteria in seawater enrichments. *Appl. Environ. Microbiol.*, 62, 3716 – 3721

Moeseneder, M. M., Winter, C., Arrieta, J. M. und Herndl, G. J. (2001). Terminal-restriction fragment length polymorphism (T-RFLP) screening of a marine archaeal clone library to determine the different phylotypes. *J. Microbiol. Methods*, 1440, 159 - 172

Montoya, J. P., Holl, C. M., Zehr, J. P, Hansen, A., Villareal, T. A. und Capone, D. G. (2004). High rates of N_2 fixation by unicellular diazotrophs in the oligotrophic Pacific Ocean. *Nature*, 430, 1027 - 1031

Moore, L. R., Rocap, G. und Chisholm, S. W. (1998). Physiology and molecular phylogeny of coexisting *Prochlorococcus* ecotypes. *Nature*, 393, 464 - 467

Moorthy, S. und Watnik, P. I. (2004). Genetic evidence that the *Vibrio cholerae* monolayer is a distinct stage in biofilm development. *Mol. Microbiol.*, 52, 573 - 587

Moreira, D., Rodríguez-Valera, P. und López-García, P. (2006). Genome fragments from mesopelagic Antarctic waters reveal a novel deltaproteobacterial group related to the myxobacteria. *Microbiol.*, 152, 505 - 517

Morita, Y., Kodama, K., Shiota, S., Mine, T., Kataoka, A., Mizushima, T. und Tsuchiya, T. (1998). NorM, a putative multidrug efflux protein, of *Vibrio parahaemolyticus* and its homolog in *Escherichia coli*. *Antimicrob. Agents Chemother.*, 42, 1778 - 1782.

Morita R. Y. (2000). Is H_2 the universal energy source for long-term survival? *Microb. Ecol.*, 38, 307 - 320

Morris, R. M., Rappé, M. S., Connan, S. A., Vergin, K. L., Siebold, W. A., Carlson, C. A. und Giovannoni, S. J. (2002). SAR11 clade dominates ocean surface bacterioplankton communities. *Nature*, 420, 806 - 810

Motoda, S., Suzuki, Y., Shinohara, T. und Tsujikawa, S. (1990). The effect of marine fouling on the ennoblement of electrode potential for stainless steels. *Corr. Sci.* 31, 515 - 520

Mouriño-Carballido, B., McGillicuddy, D. J. M. Jr. (2006). Mesoscale variability in the metabolic balance of the Sargasso Sea. *Limnol. Oceanogr.*, 51, 2675 - 2689

Mulder, A., van de Graaf, A., Robertson, L. A. und Kuenen, J. G. (1995). Anaerobic ammonium oxidation discovered in a denitrifying fluidized bed reactor. *FEMS Microb. Ecol.*, 16, 177 - 184

Mullins, T. D., Britschgi, R. L., Krest, R. L. und Giovannoni, S. J. (1995). Genetic comparisons reveal the same unknown bacterial lineages in Atlantic and Pacific bacterioplankton communities. *Limnol. Oceanogr.*, 40, 148 - 158

Murray, A. E., Preston, C. M., Massana, R., Taylor, L. T., Blakis, A. und Wu, K. (1998). Seasonal and spatial variability of bacterial and archaeal assemblage in the coastal waters near Anvers Island, Antarctica. *Appl. Environ. Microbiol.*, 64, 2585 - 2595

Nagata, T. (2000). Production mechanisms of dissolved organic matter. In: Kirchman D. L. (ed.): Microbial ecology of the oceans. Wiley-Liss, New York, 121 - 152

Nakasone, K., Ikegami, A., Kato, C., Usami, R. und Horikoshi, K. (1998). Mechanisms of gene expression controlled by pressure in deep-sea microorganisms. *Extremophiles*, 2, 149 - 154

Nishiguchi, M. K. (2000). Temperature affects species distribution in symbiotic populations of *Vibrio spp*. *Appl. Environ. Microbiol.*, 66, 3550 - 3555

Noguchi, M. und Asakawa, Y. (1969). The distribution of *Vibrio parahaemolyticus*. In T. Fjuino and H. Fukumi (ed.), *Vibrio parahaemolyticus*. Nayashoten, Tokyo, Japan. 313 - 323

Novelli, P. C., Lang, P. M., Masarie, K. A., Hurst, D. F., Myers, R. und Elkins, J. W. (1999). Molecular hydrogen in the troposphere: global distribution and budget. *J. Geophys. Res.*, 104, 30427 - 30444

O'Hara, R. B. (2005). Species richness estimators: how many species can dance on the head of a pin? *J. Ani. Ecol.*, 74, 375 - 386

Olsen, G. J., Lane, D. J., Giovannoni, S. J., Pace, N. R. und Stahl, D. A. (1986). Microbial ecology and evolution: a ribosomal RNA approach. *Annu. Rev. Microbiol.*, 40, 337 - 365

Pagan, R. und Mackey, B. M. (2000) Relationship between membrane damage and cell death in pressure-treated *Escherichia coli* cells: differences between exponential- and stationary-phase cells and variation among strains. *Appl. Environ. Microbiol.*, 66, 2829 - 2834

Paludan-Müller, C., Weichart, D., McDouglad, D. und Kjelleberg, S. (1996). Analysis of starvation conditions that allow for prolonged culturability of *Vibrio vulnificus* at low temperature. *Microbiology*, 142, 1675 - 1684

Pappas, K. M., Weingart, C. L. und Winans, S. C. (2004). Biochemical communication in proteobacteria: Biochemical and structural studies of signal synthases and receptors required for intercellular signaling. *Mol. Microbiol.*, 53, 755 - 769

Parent, M. E., Snyder, C. E., Kopp, N. D. und Velegol, D., 2008. Localized Quorum sensing in *Vibrio fischeri*. Colloids and Surfaces B: *Biointerfaces,* 62, 180 – 187

Passow, U. und Alldredge, A. L. (1995). A dye-binding assay for the spectrophotometric measurement of transparent exopolymer particles (TEP). *Limnol. Oceanogr.*, 40, 1326 - 1335

Pearson, M. M., Laurence, C. A., Guinn, S. E. und Hansen, E. J. (2006). Biofilm formation by *Moraxelle catarrhalis* in vitro: roles of the UspA1 adhesin and the Hag hemagglutinin. *Infect. Immun.*, 74, 1588 - 1596

Pedrós-Alió, C. (2006). Marine microbial diversity: can it be determined? Trends Microbiol. 14, 257 - 263

Pernthaler, A., Pernthaler, J. und Amann, R. (2002). Fluorescence in situ hybridization and catalyzed reporter deposition for the identification of marine bacteria. *Appl. Environ. Microbiol.*, 68, 3094 - 3101

Pitta, P. und Giannakourou, A. (2000). Planktonic ciliates in the oligotrophic Eastern Mediterranean: vertical, spartial distribution and mixotrophy. *Mar. Ecol. Prog. Ser.*, 194, 269 - 282

Ploug, H., Grossart, H.-P., Azam, F. und Jøgensen, B. B. (1999). Photosynthesis, respiration, and carbon turnover in sinking marine snow from surface waters of Southern California Bight: implications for the carbon cycle in the ocean. *Mar. Ecol. Prog. Ser.,* 179, 1 - 11

Ploug, H., Hietanen, S. und Kuparinen, J. (2002). Diffusion and advection within and around sinking, porous diatom aggregates. *Limnol. Oceanogr.*, 47, 4, 1129 - 1136

Literatur

Poindexter, J. S. (1984). Role of prostheca development in oligotrophic aquatic bacteria. In Current Perspectives in Microbial Ecology. Reddy, C.A. (ed.). Washington, DC: American Society for Microbiology Press, 33 - 40

Poindexter, J. S. (1991) Dimorphic prosthecate bacteria: the genera *Caulobacter*, *Asticcacaulis*, *Hyphomicrobium*, *Pedomicrobium*, *Hyphomonas*, and *Thiodendron*. In The Prokaryotes, 2nd edn, Vol. IV. Balows, A., Truper, H. G., Dworkin, M., Harder, W., und Schleifer, K. H. (eds). New York: Springer-Verlag, 2176 - 2196

Pommier, T., Canbäck, B., Riemann, L., Boström, K. H., Simu, K., Lundberg, P., Tunlip, A. und Hagström, Å. (2007). Global patterns of diversity and community structure in marine bacterioplankton. *Molecular Ecology*, 16, 867 – 880

Porter, J. S. und Pate, J. L. (1975). Prosthecae of *Asticcacaulis biprosthecum*: system for the study of membrane transport. *J. Bacteriol.*, 122, 976 - 986

Price, H., Jaeglé, L., Rice, A., Quay, P., Novelli, P. C. und Gammon, R. (2007). Global budget of molecular hydrogen and its deuterium content: Constraints from ground station, cruise, and aircraft observations. *J. Geophys. Res.*, 112, 1 -16

Pudlein, H. und Laatsch, H. (1990). Synthese zyklischer und sterisch gehinderter Pseodiline. Marine Bakterien II, *Liebigs. Ann. Chem.* 423 - 432

Punshon, S., Moore R. M. und Xie, H. (2007). Net loss rates and distribution of molecular hydrogen (H_2) in mid-latitude coastal waters. *Mar. Chem.*, 105, 129 - 139

Punshon, S. und Moore R. M. (2008). Photochemical production of molecular hydrogen in lake water and coastal seawater. *Mar. Chem.*, 108, 215 - 220

Purevdorj-Gage, B., Costerton, W. J. und Stoodley, P. (2005). Phenotypic differentiation and seeding dispersal in non-mucoid and mucoid *Pseudomonas aeruginosa* biofilms. *Microbiology*, 151, 1569 - 1576

Reinthaler, T., Winter, C. und Herndl, G. J. (2005). Relationship between Bacterioplankton Richness, Respiration, and Production in the Southern North Sea. *Appl. Environ. Microbiol.*, 71, 2260 – 2266

Ramette, A. und Tiedje, J. M. (2007). Biogeography: an emerging cornerstone for understanding prokaryotic diversity, ecology, and evolution. *Microb. Ecol.*, 53, 197 - 207

Rath, J., Wu, K. Y., Herndl, G. J. und DeLong, E. F. (1998). High phylogenetic diversity in a marine-snow-associated bacterial assemblage. *Mar. Ecol. Prog. Ser.*, 14, 261 - 269

Rhan, T., Eiler, J. M., Boering, K. A., Wennberg, P. O., McCarthy, M. C., Tyler, S., Schauffler, S., Donnelly, S. und Atlas, E. (2003). Extreme deuterium enrichment in the stratospheric hydrogen and the global atmospheric budget of H_2. *Nature*, 424, 918 - 921

Robinson, A. R., Theocaris, A., Lascaratos, A. und Leslie, W. G. (2001). Mediterranean Sea circulation. Encyclopedia of Ocean Sciences. London: Academic Press. 1789 - 1806

Rocap, G., Distel, D. L., Waterbury, J. B. und Chisholm, S. W. (2002). Resolution of *Prochlorococcus* and *Synechococcus* ecotypes by using 16S-23S rDNA internal transcribed spacer (ITS) sequences. *Appl. Environ. Microbiol.*, 68, 1180 - 1191

Rocap, G., Larimer, F. W., Lamerdin, J., Malfatti, S., Chain, P., Ahlgren, P. A., Arellano, A., Coleman, M., Hauser, L., Hess, W. R., et al. (2003). Genome divergence in two *Prochlorococcus* ecotypes reflects oceanic niche differentiation. *Nature*, 424, 1042 - 1047

Roesch, L. F. W., Fulthorps, R. R., Riva, A., Casella, G., Hadwin, A. K. M., Kent, A. D., Daroub, S. H., Camargo, F. A. O., Farmerie, W. G. und Triplett, E. W. (2007). Pyrosequencing enumerates and contrasts soil microbial diversity. *ISME J.*, 1, 283 - 290

Ruby, E. G. und Nealson K. H. (1977). A luminous protein that emits yellow light. *Science*, 196, 432 - 434

Ruby, E. G., Greenberg, E. P. und Hastings, J. W. (1980). Planktonic Marine Luminous bacteria: species distribution in the water column. *Appl. Environ. Microbiol.*, 39, 302 - 306

Ruby, E. G. und McFall-Ngai, M. J. (1992). Minireview: a squid that glows in the night: development of an animal – bacterial mutualism. *J. Bacteriol.*, 174, 4865 - 4870

Ruby, E. G. und Lee, K.-H. (1998). The *Vibrio fischeri-Euprymna scolopes* light organ association: current ecological paradigms. *Appl. Environ. Microbiol.*, 64, 805 - 812

Rusch, D. B., Halpern, A. L., Sutton, G., Heidelberg, K. B., Williamson, S., Yooseph, S. et al. (2007). The Sorcerer II Global Ocean Sampling expedition: Northwest Atlantic through Eastern Tropical Pacific. *PLoS Biol.*, 5, e77

Sanger, F., Nicklen, S. und Coulson, A. R. (1977). DNA sequencing with chain-terminating inhibitors. *Proc. Natl. Acad. Sci. USA.*, 74, 5463 - 5467

Santelli, C. M., Orcutt, B. N, Banning, E., Bach, W., Moyer, C. L., Sogin, M. L., Staudigel, H. und Edwards, K. J. (2008). Abundance and diversity of microbial life in ocean crust. *Nature*, 453, 653 - 656

Schleper, C., DeLong, E. F., Preston, C. M., Feldman, R. A., Wu, K. Y. und Swanson, R. V. (1998). Genomic analysis reveals chromosomal variation in natural populations of the uncultured psychrophilic archaeon *Cenarchaeum symbiosum*. *J. Bacteriol.*, 180, 5003 - 5009

Schloss, P. D. und Handelsman, J. (2005). Introducing DOTUR, a Computer Program for Defining Operational Taxonomic Units and Estimating Species Richness. *Appl. Environ. Microbiol.*, 71, 1501 - 1506

Schloss, P. D. und Handelsman, J. (2006). Introducing SONS, a Tool for Operational Taxonomic Unit-BasedComparisons of Microbial Community Memberships and Structures. *Appl. Environ. Microbiol.*, 72, 6773 - 6779

Schmid, M., Twachtmann, U., Klein, M., Strous, M., Juretschko, S., Jetten, M., Metzger, J. W., Schleifer, K. H. und Wagner, M. (2000). Molecular evidence for genus-level diversity of bacteria capable of catalyzing anaerobic ammonium oxidation. *Syst. Appl. Microbiol.*, 23, 93 - 106

Schmidt, U. und Conrad, R. (1993). Hydrogen, carbon monoxide, ad methane dynamics in Lake Constance. *Limnol. Oceanogr.*, 38, 1214 - 1226

Schütz, H., Conrad, R., Goodwin. S. und Seiler, W. (1988). Emission of hydrogen from deep and shallow freshwater environments. *Biogeochem.*, 5, 295 - 311

Schuster, S. und Herndl, G. J. (1995). Formation and significance of transparent exopolymeric particles in the northern Adriatic Sea. *Mar. Ecol. Prog. Ser.*, 124, 227 - 236

Scranton, M. I., Jones, M. M. und Herr, F. L. (1982). Distribution and variability of dissolved hydrogen in the Mediterranean Sea. *J. Mar. Res.*, 40, 873 – 891

Shapiro, J. A. (1998). Thinking about bacterial populations as multicellular organisms. *Annu. Rev. Microbiol.*, 52, 81 - 104

Shuman, S. (1991). Recombination Mediated by *Vaccina* Virus DNA Topoisomerase I in *Escherichia coli* is Sequence Specific. *Proc. Natl. Acad. Sci.* USA, 88, 10104 - 10108

Shuman, S. (1994). Novel Approach to Molecular Cloning and Polynucleotide Synthesis Using *Vaccina* DNA Topoisomerase. *J. Biol. Chem.*, 269, 32678 - 32684

Simon, M., Grossart, H. P., Schweitzer, B. und Ploug, H. (2002). Microbial ecology of organic aggregates in aquatic ecosystems. *Aquat. Microb. Ecol.*, 28, 175 - 211

Smayda, T. J. (1971). Normal and accelerated sinking of phytoplankton in the sea. *Marine Geology*, 11, 105 - 122

Smith, D. C., Simon, M., Alldredge, A. L. und Azam, F. (1992). Intense hydrolytic enzyme activity on marine aggregates and implications for rapid particle dissolution. *Nature*, 359, 139 - 142

Sogin, M. L., Morrison, H. G., Huber, J. A., Welch, D. M., Huse, S. M., Neal, P. R., Arrieta, J. A. und Herndl, G. J. (2006). Microbial diversity in the deep sea and the underexplored "rare biosphere". *PNAS*, 103, 12115 - 12120

Solorzano, L. und Sharp, J. H. (1980). Determination of of total dissolved nitrogen in natural waters. *Limnol. Oceanogr.*, 25, 751 - 754

Soto, W., Gutierrez, J., Remmenga, M. D. und Nishiguchi, M. K. (2009). Salinity and temperature effects on physiological responses of *Vibrio fischeri* from diverse ecological niches. *Microb. Ecol.*, 57, 140 - 150

Souvermezoglou, E. und Krasakopoulou, E. (1999). The effect of physical processes on the distribution of nutrients and oxygen in the NW Levantine Sea. In: The Eastern Mediterranean as a laboratory basin for the assessment of contrasting ecosystems. Malanotte-Rizzoli, P. (ed), NATO ARW Series, Kluwer Academic Publishers, 225 - 240

Stahl, D. A., Lane, D. J., Olsen, G. J. und Pace, N. R. (1984). Analysis of hydrothermal vent-associated symbionts by ribosomal RNA sequences. *Science*, 224, 409 - 411

Stahl, D. A., Lane, D. J., Olsen, G. J., Heller, D. J., Schmidt, T. M. und Pace, N. R. (1987). Phylogenetic analysis of certain sulphide-oxidizing and related morphologically conspicuous bacteria by 5S ribosomal ribonucleic acid sequences. *Int. J. Syst. Bacteriol.*, 37, 116 - 122

Stolzenbach, K. D. und Elimelech, M. (1994). The effect of particle density on collisions between sinking particles: implications for particle aggregation in the ocean. *Deep-Sea Research* I, 41, 469 - 483

Stoodley, P., Sauer, K., Davies, D. G. und Costerton, J. W. (2002). Biofilms as complex differentiated communities. *Annu. Rev. Microbiol.*, 56, 187 - 209

Strous, M., Fuerst, J. A., Kramer, E. H. M., Logemann, S., Muyzer, G., van de Pas-Schoonen, K. T., Webb, R., Kuenen, J. G. und Jetten, M. S. M. (1999). Missing lithotroph identified as new planctomycete. *Nature*, 400, 446 - 449

Takai, K., Campell, B. J., Cary, S. G., Suzuki, M., Oida, H., Nunoura, T., Hirayama, H., Nagagawa, S., Suzuki, Y., Inagaki, F. und Horikoshi, K. (2005). Enzymatic and Genetic Characterization of Carbon and Energy Metabolisms by Deep-Sea Hydrothermal Chemolithoautotrophic Isolates of -Proteobacteria. *Appl. Environ. Microbiol.*, 71, 11, 7310 - 7320

Teira, E., Reinthaler, T., Pernthaler, A., Pernthaler, J. und Herndl, G. J. (2004). Combining catalyzed reporter deposition in situ hybridisation and microautoradiography to detect substrate utilization by bacteria and archaea in the deep ocean. *Appl. Environ. Microbiol.*, 70, 4411 - 4414

Teira, E., Lebaron, P., van Aken, H. und Herndl, G. J. (2006). Distribution and activity of Bacteria and Archaea in the deep water masses of the North Atlantic. *Limnol. Oceanogr.* 51, 2131 – 2144

Theocharis, A. und Georgopoulos, D. (1993). Dense water formation over the Samothriki and Limnos Plateaus in the North Aegean Sea (Estern Meditteranean-Sea). *Cont. Shelf Res.*, 13, 919 - 939

Theocharis, A. und Kontoyiannis, H. (1999). Interannual variability of the circulation and hydrography in the eastern Mediterranean (1986 – 1995). The eastern Mediterranean as a Laboratory Basin for the Assessment of Contrasting Ecosystems. P. Malanotte – Rizzoli und V. N. Eremeev (Eds.). Kluwer Academic Publishers, 453 - 464

Theocharis, A., Klein, B., Nittis, K. und Roether, W. (2002). Evolution and status of the Eastern Mediterranean Transient (1997 – 1999). *J. Marine Syst.*, 33, 91 -116

Thingstad, T. F. und Rassoulzadegan, F. (1995). Nutrient limitations, microbial food webs, and 'biological C-pumps': suggested interactions in a P-limited Mediterranean. *Mar. Ecol. Prog. Ser.*, 11, 299 - 306

Thingstad, T. F. (2000). Control of bacterial growth in idealized food webs. In Kirchman, D. L. (ed.): Microbial ecology of the oceans. Wiley-Liss, New York, 229 - 260

Thompson, J. D., Higgins, D. G. und Gibson, T. J. (1994). CLUSTAL W: improving the sensitivity of progressive multiple sequence alignment through sequence weighting, position-specific gap penalties and weight matrix choice. *Nucleic Acids Res.*, 22, 4673 - 4680

Thompson, J. R., Randa, M. R., Marcelino, L. A., Tomita-Mitchell, A., Lim, E. und Polz, M. F. (2004). Diversity and Dynamics of a North Atlantic Coastal *Vibrio* Community. *Appl. Environ. Microbiol.*, 70, 4103 - 4110

Tringe, S. G., von Mering, C., Kobayashi, A., Salamov, A. A., Chen, K., Chang, H. W., Podar, M., Short, J. M., Mathur, E. J., Detter, J. C., Bork, P., Hugenholtz, P. und Rubin, E. M. (2005). Comparative Metagenomics of Microbial Communities. *Science*, 308, 554 - 557

Turley, C. M. und Mackie, P. J. (1994). Biogeochemical significance of attached and free-living bacteria and the flux of particles in the NE Atlantic Ocean. *Mar. Ecol. Prog. Ser.*, 115, 191- 203

Turley, C. M., Bianchi, M., Christaki. U., Conan, P., Harris, J. R. W., Psarra, S., Ruddy, G., Stutt, E. D., Tselepides, A. und Van Wambeke, F. (2000). Relationship between primary producers and bacteria in an oligotrophic sea – the Mediterranean and biogeochemical implications. *Mar. Ecol. Prog. Ser.*, 193, 11 - 18

Urakawa, H. und Rivera, I. N. G. (2006). Aquatic Environment. In: Thompson, F. L., Austin, B., Swings J. (eds). The biology of *Vibrios*. ASM, Washington, D. C., 175 - 189

Van Dellen, K. L., Houot, L. und Watnik, P. I. (2008). Genetic analysis of *Vibrio cholerae* monolayer formation reveals a key role of Delta Psi in the transition to permanent attachment. *J. Bacteriol.*, 190, 8185 - 8196

Venter, J. C., Remington K., Heidelberg, J. F., Halpern, A. L., Rusch, D., Eisen, J. A., Wu, D., Paulsen, I., Nelson, K. E., Nelson, W., Fouts, D. E., Levy, S., Knap, A. H., Lomas, M. W., Nealson, K., White, O., Peterson, J., Hoffman, J., Parsons, R., Baden-Tillson, H., Pfannkoch, C., Rogers, Y. -H. und Smith, H. O., 2004. Environmental Genome Shotgun Sequencing of the Sargasso Sea. *Science*, 304, 66 - 74

Vuong, C., Voyich, J. M., Fischer, E. R., Braughton, K. R., Whitney, A. R., DeLeo, F. R. und Otto, M. (2004). Polysaccharide intercellular adhesion (PIA) protects *Staphylococcus* epidermis against major components of the human innate immune system. *Cell Microbiol.*, 6, 269 - 275

Watnik, P. I. und Kolter, R. (1999). Steps in the development of a *Vibri cholerae* biofilm. *Mol. Microbiol.*, 34, 586 - 595

Watnik, P. I., Lauriano, C. M., Klose, K. E., Croal, L. und Kolter, R. (2001). Absence of a flagellum leads to altered colony morphology, biofilm, development, and virulence in *V. cholerae* O139. *Mol. Mircobiol.*, 39, 223 - 235

Weston, K., Fernand, L., Mills, D. K., Delahunty, R. und Brown, J. (2005). Primary production in the deep chlorophyll maximum of the central North Sea. *J. Plankton Res.*, 27, 909 - 922

Literatur

Whitehead, N., Barnard, A., Slater, H., Simpson, N. und Salmond, G. (2001). Quorum-sensing in Gram-negative bacteria. *FEMS Microbiol. Rev.*, 25, 365 - 404

Whitman, W. B., Coleman, D. C. und Wiebe, W. J. (1998). Prokaryotes: the unseen majority. *Proc. Natl. Acad. Sci. USA*, 95, 6578 - 6583

Winter, C., Kerros, M. -E. und Weinbauer, M. (2009). Seasonal changes of bacterial and archaeal communities in the dark ocean: Evidence from the Mediterranean Sea. *Limnol. Oceanogr.*, 54, 160 - 170

Witte, U., Wenzhofer, F., Sommer, S., Boetius, A., Heinz, P., Aberle, N., Sand, M., Cremer, A., Abraham, W. R. und Jorgensen, B. B. (2003). In situ experimental evidence of the fate of a phytodetritus pulse at the abyssal sea floor. *Nature*, 424, 763 - 766

Woodside, J. M., Ivanov, M. K., Limonov, A. F. and Shipboard Scientists of the Anaxiprobe Expeditions (1998). Shallow gas and gas hydrates in the Anaximander Mountains region, eastern Mediterranean Sea. In Henriet, J. P. und Mienert, J. (Ed.). Gas hydrates: relevance to world margin stability and climate change. Special Publications 137, Geological Society, London, UK

Wörner, U., Zimmermann-Timm, H. und Kausch, H. (2000). Succession of protists on estuarine aggregates. *Microb. Ecol.*, 40, 209 - 222

Wuchter, C., Abbas, B., Coolen, M. J. L., Herfort, L., van Bleijswijk, J., Timmers, P., Strous, M., Teira, E., Herndl, G. J., Middelburg, J. J., Schouten, S. und Damsté, J. S. S. (2006). Archaeal nitrification in the ocean. *PNAS* 103, 12317 - 12322

Xu, M., Wang, P., Wang, F. und Xiao, X. (2005). Microbial diversity at a deep-sea station of the Pacific nodule province. *Biodiversity and Conservation*, 14, 3363 – 3380

Yakimov, M. M., La Cono, V. und Denaro, R. (2009). A first insight into the occurrence and expression of funtional *amoA* and *accA* genes of autotrophic and ammonia-oxidizing bathypelagic *Crenarchaeota* of Tyrrhenian Sea. *Deep-Sea Research* II, 56, 748 - 754

Yayanos, A. A. (1995). Microbiology to 10500 meters in the deep sea. *Annu. Rev. Microbiol.* 49, 777 - 805

Yetinson, T. und Shilo, M. (1979). Seasonal and Geographic Distribution of Luminous Bacteria in the Eastern Mediterranean Sea and the Gulf of Elat. *Appl. Environ. Microbiol.*, 37, 1230 - 1238

Youssef, N. H. und Elshahed, M. S. (2008). Species richness in soil bacterial communities: A proposed approach to overcome sample size bias. *J. Microbiol. Methods*, 75, 86 - 91

Zabbalos, M., López-López, A., Ovreas, L., Galán Bartual, S., D'Auria, G., Alba, J. C., Legault, B., Pushker, R., Daae, F. L. und Rodriguez-Valera, F. (2006). Comparison of prokaryotic diversity at offshore oceanic locations reveals a different microbiota in the Mediterranean Sea. *FEMS Microbiol. Ecol.*, 56, 389 - 405

Zehr, J. P. und Ward, B. B. (2002). Nitrogen cycling in the ocean: new perspectives on processes and paradigms. *Appl. Environ. Microbiol.*, 68, 1015 - 1024

Zenno, S. und Saigo, K. (1994). Identification of the genes encoding NAD(P)H-flavin oxidoreductases that are similar in sequence to *Escherichia coli* Fre in four species of luminous bacteria: *Photorhabdus luminiscens*, *Vibrio fischeri*, *Vibrio harveyi*, and *Vibrio orientalis*. *J. Bacteriol.*, 176, 3544 - 3551

Zervakis, V., Georgopoulos, D. und Drakopoulos, P. G. (2005). The role of the North Aegaen in triggering the recent Eastern Mediterranean climate changes. *J. Geophys. Res.*, 105, 26103 - 26116

Zmasek, C. M. und Eddy, S. R. (2001). "ATV: display and manipulation of annotated phylogenetic trees". *Bioinformatics* (United Kingdom: Oxford Journals) 17 (4): 383 - 384. http://bioinformatics.oxfordjournals.org/cgi/reprint/17/4/383.

ZoBell, C. E. und Cobet A. B. (1962). Growth, reproduction, and death rates of *Escherichia coli* at increased hydrostatic pressures. *J. Bacteriol.*, 84, 1228 - 1236.

ZoBell, C. E. (1970). Pressure effects on morphology and life processes of bacteria. Academic Press, London, United Kingdom

i want morebooks!

Buy your books fast and straightforward online - at one of world's fastest growing online book stores! Environmentally sound due to Print-on-Demand technologies.

Buy your books online at
www.get-morebooks.com

Kaufen Sie Ihre Bücher schnell und unkompliziert online – auf einer der am schnellsten wachsenden Buchhandelsplattformen weltweit! Dank Print-On-Demand umwelt- und ressourcenschonend produziert.

Bücher schneller online kaufen
www.morebooks.de

VDM Verlagsservicegesellschaft mbH
Heinrich-Böcking-Str. 6-8   Telefon: +49 681 3720 174   info@vdm-vsg.de
D - 66121 Saarbrücken   Telefax: +49 681 3720 1749   www.vdm-vsg.de

Printed by Books on Demand GmbH, Norderstedt / Germany